WEIXIAN FEIWU
HUANJING GUIFANHUA GUANLI
YANJIU YU SHIJIAN

危险废物
环境规范化管理
研究与实践

U0252198

福建省固体废物及化学品环境管理技术中心 / 编

中国环境出版集团·北京

图书在版编目（CIP）数据

危险废物环境规范化管理研究与实践 / 福建省固体
废物及化学品环境管理技术中心编 . —北京：中国环境
出版集团，2024.3
ISBN 978-7-5111-5771-3

Ⅰ.①危… Ⅱ.①福… Ⅲ.①危险物品管理—废物处
理—管理规范—研究—福建 Ⅳ.① X7-62

中国国家版本馆 CIP 数据核字（2023）第 247406 号

出 版 人 武德凯
责任编辑 田　怡　马宇敬
封面设计 彭　杉

出版发行 中国环境出版集团
　　　　　（100062　北京市东城区广渠门内大街 16 号）
　　　　　网　　　址：http://www.cesp.com.cn.
　　　　　电子邮箱：bjgl@cesp.com.cn.
　　　　　联系电话：010-67112765（编辑管理部）
　　　　　　　　　　010-67175507（第六分社）
　　　　　发行热线：010-67125803，010-67113405（传真）
印　　刷 玖龙（天津）印刷有限公司
经　　销 各地新华书店
版　　次 2024 年 3 月第 1 版
印　　次 2024 年 3 月第 1 次印刷
开　　本 787×1092　1/16
印　　张 13.25
字　　数 262 千字
定　　价 68.00 元

编 委 会

主　编

　　彭守虎（福建省固体废物及化学品环境管理技术中心主任）

　　张继享（福建省固体废物及化学品环境管理技术中心副主任）

　　韦洪莲（生态环境部固体废物与化学品管理技术中心副主任）

副主编

　　许　翔（福建省环境保护设计院有限公司董事长）

　　郑　洋（生态环境部固体废物与化学品管理技术中心危废部
　　　　　　主任）

　　张　喆（生态环境部固体废物与化学品管理技术中心危废部
　　　　　　综合室主任）

　　孙京楠（生态环境部固体废物与化学品管理技术中心综合部
　　　　　　信息化运维室主任）

编写组

杨 净　　许椐洋　　吴燕芳　　赵 鹭

（福建省固体废物及化学品环境管理技术中心）

郑成辉　　黄镜钊

（福建省环境科学研究院）

廖满琼　　姜 宁　　从 娟

（福建省环境保护设计院有限公司）

陈晓芳　　商 婕　　李华藩

（福建省金皇环保科技有限公司）

丁 鹤　　葛惠茹　　霍慧敏　　贾 佳
蒋文博　　靳晓勤　　刘国梁　　佘玲玲
田 宇　　王兆龙　　杨强威　　周 强
郑凡瑶　　周立臻

（生态环境部固体废物与化学品管理技术中心，按姓氏拼音排序）

前　言

危险废物种类繁多、危险特性复杂，环境危害性大、污染防治专业性强，全过程管理点多面广。从事危险废物环境管理工作，不仅要掌握日益精细的法律法规、规章制度要求，还要精通日益精深的工程技术标准规范，熟悉生态环境全过程监管业务，更要具备丰富的现场经验。

为深入贯彻实施《中华人民共和国固体废物污染环境防治法》（2020 年修订）、《国务院办公厅关于印发强化危险废物监管和利用处置能力改革实施方案的通知》（国办函〔2021〕47 号），培养危险废物环境管理人才，进一步提升危险废物环境监管能力、利用处置能力和风险防范能力，推动危险废物规范化环境管理向综合性、系统性、深度性转变，在生态环境部固体废物与化学品管理技术中心精心指导下，福建省固体废物及化学品环境管理技术中心组织相关单位业务骨干，结合长期从事危险废物环境管理工作的第一手经验，按照"可操作、可应用、易学习、易推广"的思路，对当前危险废物规范化环境管理对象、管理要素、管理内容、管理依据等进行系统性梳理研究，编制了《危险废物环境规范化管理研究与实践》一书，共 9 章 35 节。

本书旨在为生态环境主管部门、危险废物相关单位管理人员以及第三方环境治理技术人员提供"参考书""工具书"，便于查阅学习、指导工作。

目　录

第一章

危险废物概述

　　本章首先介绍危险废物的概念、特性与分类；其次介绍危险废物对环境介质的危害；最后阐述预防危险废物环境污染的措施和建设项目危险废物环境影响。希望能够通过本章内容的学习，让读者了解危险废物是什么、其特性和危害有哪些以及主要污染防治措施的要求。

第一节　危险废物概念、特性与危害

一、危险废物概念

（一）什么是危险废物

《中华人民共和国固体废物污染环境防治法》第一百二十四条第（六）项中明确，危险废物，是指列入国家危险废物名录或者根据国家规定的危险废物鉴别标准和鉴别方法认定的具有危险特性的固体废物。

危险废物可以通过以下几种方式判定：

（1）首先明确危险废物是否属于固体废物，如果该物品或物质不属于固体废物，它就不属于危险废物，但不能简单从形态上进行判断，固体废物形态不限于固态，也有液态的或容器中的气态，如废酸、废油等。

（2）列入《危险废物排除管理清单（2021年版）》的固体废物不属于危险废物，按照一般工业固体废物的相关规定管理。

（3）通过危险废物的属性判定，根据《国家危险废物名录》判断，凡列入《国家危险废物名录》的固体废物都是危险废物；列入《危险废物豁免管理清单》中的危险废物，在所列的豁免环节，且满足相应的豁免条件时，可以按照豁免内容的规定实行豁免管理，不改变其危险废物属性。

（4）通过危险废物鉴别标准来判定，如果该固体废物不在《国家危险废物名录》当中，但是不排除具有毒性、腐蚀性、易燃性、反应性和感染性中的一种或几种，则需要采用《危险废物鉴别标准　腐蚀性鉴别》（GB 5085.1）规定的鉴别标准和鉴别方法进行鉴别。在危险废物鉴别过程中，如果经鉴别后可以确定属于危险废物的，则判定工作结束；如果既不能排除该固体废物具有上述的一种或几种危险特性，又无法采用国家规定的鉴别标准和鉴别方法进行鉴别得出结论，则需要由国家生态环境部门组织专家进行认定。

（二）什么是固体废物

《中华人民共和国固体废物污染环境防治法》第一百二十四条第（一）项中明确"固体废物，是指在生产、生活和其他活动中产生的丧失原有利用价值或者虽未丧失利用价值但被抛弃或者放弃的固态、半固态和置于容器中的气态的物品、物质以及法律、行政法规规定纳入固体废物管理的物品、物质。经无害化加工处理，并且符合强制性国家产品质量标准，不会危害公众健康和生态安全，或者根据固体废物鉴别标准和鉴别程序认定为不属于固体废物的除外"。

2017 年环境保护部组织制定的《固体废物鉴别标准　通则》（GB 34330）规定了不作为固体废物管理的物质、不作为液态废物管理的物质。

二、危险废物的分类

危险废物作为一种特殊的固体废物，具有种类复杂、特性各异、来源广泛、管理难度大、环境危害大等特点。从产生来源、物理形态、化学性质、危险特性等方面进行合理归类，不仅有利于危险废物的统计分析，更为其识别、收集、贮存、运输、利用、处置等管理、风险防控提供依据。

（一）按来源分类

将危险废物按来源可分为工业源、生活（社会）源、建筑源及农业源等。

1. 工业源

工业源是危险废物的最主要来源，由于工业行业门类繁多、工艺技术千差万别、产品种类众多、原材料各不相同，导致产生危险废物的数量、种类、性质都非常复杂，主要来源于生产、污染治理、过期原料、污染事故等过程。从产废量来看，大型化工、石化集团产生的大宗工业危险废物，每年产废数万吨；小微企业，虽然个体年均产废可能不足 1 t，但因群体数量庞大，总量也不可小觑。

举例：危险废物焚烧尾气净化产生的飞灰、灰渣；煤气净化产生的煤焦油；石化、电镀废水处理设施产生的污泥等；过期或受污染的原料，丧失原有功能无法按原用途继续使用，如废酸、废碱、废有机溶剂、废矿物油等；工业生产中有毒有害组分在泄漏、反应等环境事件及其处理过程中产生的废弃危险化学品及清理产生的废物等。

2. 生活（社会）源

生活（社会）源中的危险废物主要在人们日常生活、社会活动中产生。经集中收集的家庭日常生活产生的生活垃圾中的危险废物属于有害垃圾，应按照危险废物管理，未集中收集的，收集、运输、利用、处置全过程可豁免管理。

举例：家庭日常生活中产生的危险废物有废药品、废杀虫剂、废荧光灯管等；商业机构提供服务过程中产生的打印店的废油墨，相片冲洗店的废胶片及废相纸、药剂废水，汽车修理站的废矿物油等；高校和科研单位化学和生物实验室（不包含感染性医学实验室及医疗机构化验室），生产、研究、开发、教学、环境检测（监测）活动中产生的具有危险特性的残留样品以及沾染上述物质的一次性实验用品、包装物、过滤吸附介质等。

3. 建筑源

废弃的建筑涂料、油漆、木材防腐剂等都属于危险废物。建筑垃圾堆放场多以露天堆放为主，经历长期的日晒雨淋后，垃圾中的有害物质（油漆、涂料和沥青等释放出的多环芳烃构化物质、卤代有机物及重金属）通过渗滤液渗入土壤中，从而发生如过滤、吸附、沉淀等反应，或为植物根系吸收或被微生物合成吸收，破坏土壤的结构，降低土壤的生产力，造成土壤的污染。

举例：建筑装修施工过程中产生的失效、变质、不合格、淘汰、伪劣的胶黏剂、油漆、涂料、防腐材料及与其直接接触或含有其残余物的包装物、壁纸、板材等；含有石棉的废绝缘材料、建筑废物等。

4. 农业源

销售及使用过程中产生的失效、变质、不合格、淘汰、伪劣的农药产品，以及废弃的与农药直接接触或含有农药残余物的包装物等属于危险废物。农药基本上都具有急性毒性或生物毒性，有的还具有致突变、致癌、致畸的"三致"毒性，有的易被人体吸入或被皮肤吸收。在满足《危险废物豁免管理清单》中对应的豁免条件下，农药包装废弃物的收集、运输、利用、处置等环节可不按危险废物管理。

举例：农业生产活动中被废弃的杀虫剂、除草剂等农药及与其直接接触或含有其残余物的包装物等。

5. 医疗源

医疗废物属于危险废物，医疗废物分类按照《医疗废物分类目录（2021 年版）》执行。医疗废物是医疗卫生机构在医疗、预防、保健以及其他相关活动中产生的具有直接或间接感染性、毒性以及其他危害性的废物。医疗废物中可能含有大量病原微生物和有害化学物质，因此医疗废物是引起疾病传播或相关公共卫生问题的重要危险性因素。《医疗废物分类目录（2021 年版）》（含《医疗废物豁免管理清单》）见表 1-1。

表 1-1 《医疗废物分类目录（2021 年版）》

类别	特征	常见组分或废物名称	收集方式
感染性废物	携带病原微生物具有引发感染性疾病传播危险的医疗废物	1. 被患者血液、体液、排泄物等污染的除锐器以外的废物； 2. 使用后废弃的一次性使用医疗器械，如注射器、输液器、透析器等； 3. 病原微生物实验室废弃的病原体培养基、标本，菌种和毒种保存液及其容器；其他实验室及科室废弃的血液、血清、分泌物等标本和容器； 4. 隔离传染病患者或者疑似传染病患者产生的废弃物	1. 收集于符合《医疗废物专用包装袋、容器和警示标志标准》（HJ 421）的医疗废物包装袋中； 2. 病原微生物实验室废弃的病原体培养基、标本，菌种和毒种保存液及其容器，应在产生地点进行压力蒸汽灭菌或者使用其他方式消毒，然后按感染性废物收集处理； 3. 隔离传染病患者或者疑似传染病患者产生的医疗废物应当使用双层医疗废物包装袋盛装

类别	特征	常见组分或废物名称	收集方式
损伤性废物	能够刺伤或者割伤人体的废弃的医用锐器	1. 废弃的金属类锐器，如针头、缝合针、针灸针、探针、穿刺针、解剖刀、手术刀、手术锯、备皮刀、钢钉和导丝等； 2. 废弃的玻璃类锐器，如盖玻片、载玻片、玻璃安瓿等； 3. 废弃的其他材质类锐器	1. 收集于符合《医疗废物专用包装袋、容器和警示标志标准》（HJ 421）的锐器盒中； 2. 锐器盒达到 3/4 满时，应当封闭严密，按流程运送、贮存
病理性废物	诊疗过程中产生的人体废弃物和医学实验动物尸体等	1. 手术及其他医学服务过程中产生的废弃的人体组织、器官； 2. 病理切片后废弃的人体组织、病理蜡块； 3. 废弃的医学实验动物的组织和尸体； 4. 16 周胎龄以下或重量不足 500 g 的胚胎组织等； 5. 确诊、疑似传染病或携带传染病病原体的产妇的胎盘	1. 收集于符合《医疗废物专用包装袋、容器和警示标志标准》（HJ 421）的医疗废物包装袋中； 2. 确诊、疑似传染病产妇或携带传染病病原体的产妇的胎盘应使用双层医疗废物包装袋盛装； 3. 可进行防腐或者低温保存
药物性废物	过期、淘汰、变质或者被污染的废弃的药物	1. 废弃的一般性药物； 2. 废弃的细胞毒性药物和遗传毒性药物； 3. 废弃的疫苗及血液制品	1. 少量的药物性废物可以并入感染性废物中，但应在标签中注明； 2. 批量废弃的药物性废物，收集后应交由具备相应资质的医疗废物处置单位或者危险废物处置单位等进行处置
化学性废物	具有毒性、腐蚀性、易燃性、反应性的废弃的化学物品	1. 列入《国家危险废物名录》中的废弃危险化学品，如甲醛、二甲苯等； 2. 非特定行业来源的危险废物，如含汞血压计、含汞体温计，废弃的牙科汞合金材料及其残余物等	1. 收集于容器中，粘贴标签并注明主要成分； 2. 收集后应交由具备相应资质的医疗废物处置单位或者危险废物处置单位等进行处置

（二）按废物类别分类

《国家危险废物名录》根据国民经济行业分类代码，结合废物不同的产生行业来源对各类危险废物赋予代码［代码为 8 位数字，其中：第 1～3 位为危险废物产生行业代码（依据《国民经济行业分类》（GB/T 4754）确定），第 4～6 位为危险废物顺序代码，第 7～8 位为危险废物类别代码］。每种类别均对应有毒性、腐蚀性、易燃性、反应性、感染性中的一种或一种以上危险特性。

《国家危险废物名录（2021 年版）》共将危险废物分为 46 个大类、467 种小类，另对 32 个种类危险废物实施危险废物豁免管理，并根据实际情况实施动态调整，对我国危险废物环境管理起到了有效支撑。

《国家危险废物名录（2021年版）》在医疗废物和危险化学品的管理分类、性质界定上更加明确。关于医疗废物，不再直接明确"医疗废物属于危险废物"，而是在附表中列出医疗废物有关种类，且指出"医疗废物分类按照《医疗废物分类目录》执行"。关于废弃危险化学品，明确了纳入危险废物环境管理的废弃危险化学品的范围，将"液氧""液氮"等仅具有"加压气体"物理危险性的危险化学品排除在外。

（三）按物理形态分类

危险废物按物理形态主要可分为固态、半固态、液态以及气态等，根据不同物理形态，常常需要不同的包装容器。

举例：医疗废物、冶炼废渣、除尘灰等多为固态，可采取袋、桶式包装；医药、化工企业反应釜残渣等多半固态危险废物，需采取不易倾倒且耐腐蚀的包装物；废酸、碱、有机溶剂、矿物油类等多为液体废物，可通过池、罐体贮存；有的容器若装载液态、半固态危险废物，容器内部应留有适当的空间；有些爆炸性废物以气态形式存在，需通过特殊容器收容。

（四）按危险特性分类

危险废物的特性可分为毒性、腐蚀性、易燃性、反应性和感染性，不同特性的危险废物对收集、贮存和运输、容器包装的材料和设计、利用处置污染防治等要求有所不同。

举例：浸出毒性危险废物，若其常温常压下不水解、不挥发，包装桶（箱、袋）可不密封；腐蚀性危险废物的贮存池（罐）所选用的高分子合成材料等应采用低腐蚀速率材料，或采用与废物相容的防腐内衬；易燃性危险废物贮存池（罐）可采用钢材或玻璃纤维增强塑料等耐火材料，池（罐）体须采取措施避免与其他易燃物质接触，防止池（罐）内危险废物着火或接触火花；反应性危险废物贮存要防止与化学性质不相容的成分接触，采取必要的防风、防雨、防晒、防渗、防漏、防腐措施；急性毒性和感染性危险废物，则尽可能采取密封措施。

（五）按化学成分与热能特性分类

危险废物可分为有机废物和无机废物；有机废物中同系物或衍生物，可作为一类，原因是它们的处置方法可能相似；无机废物可以分为单质（废物主体为单质）和化合物（废物主体为化合物）两类；按酸碱性分为酸性危险废物和碱性危险废物。

举例：焚烧后主要排放碳氢化合物的，如石蜡、废矿物油等烃类；焚烧过程产生气态污染物较多的，如化工、医药制造产生的残渣、残液；成分中含重金属较多的，如有色金属冶炼、电镀、线路板制造产生的除尘灰或污泥。

危险废物按热能可分为可燃废物和不可燃废物,可燃废物是指不需要任何辅助燃料就能够维持燃烧的危险废物,其热值比较高,可燃废物又分为高热值废物和低热值废物。一般认为液体危险废物热值达到 10 000～12 800 kJ/kg、固体危险废物热值需要达到 18 600 kJ/kg 才可维持燃烧,未达到相应热值的危险废物没有辅助燃料就不能维持燃烧,被称为不可燃废物。

举例:常见的高热值危险废物有废矿物油泥、废油漆渣、废有机溶剂等。常见的低热值危险废物有菌丝渣、含重金属的污水处理污泥等。

三、危险废物的产生特性

危险废物的产生特性是指危险废物产生量、种类在不同行业、地区展现的特点,这与一个地区的经济发展水平、工业产业结构等方面存在一定的相关性。了解危险废物的产生量、种类的地区、行业规律性,有利于调查、分析、预测特定时间和范围内的危险废物产生情况,并对应实施相应的污染防治管理与决策。

(一)区域分布规律性

一般情况下,不同区域内危险废物产生量、种类与所在区域的经济社会的发展水平、地理位置、工业布局、矿产资源分布、产业规模相关,工业企业数量、危险废物的产生量与经济增长情况也存在一定的关联性。

举例:云南省有色金属矿产资源丰富,冶炼产生的含砷等冶炼废渣高达 93 万 t,占比达全省危险废物产生总量的 55%;海南省生态旅游资源发达,其支柱产业为旅游业,危险废物年产生量仅 6.8 万 t,且主要来源于生活垃圾焚烧等行业;福建省近年来经济社会发展较快,"十三五"期间 GDP 年增速均达 7% 以上,而危险废物产生量也从 2016 年的 41.03 万 t 增长至 2020 年的 143.5 万 t,增长近 250%。

(二)行业分布规律性

危险废物产生类别与行业分布关系密切,与所属行业所使用的原料息息相关。如半导体、电子元器件、电子材料制造行业,产生的危险废物主要为酸洗、蚀刻、有机溶剂清洗等工序产生的 HW34 废酸、HW06 废有机溶剂;福建省宁德市福鼎等县区 PU 合成革(以 DMF 为 PU 溶剂)、表面处理行业企业众多,产废以 DMF 回收精馏产生的精(蒸)馏残渣,含铬、镍等污水处理产生的污泥为主。

表 1-2 部分行业或工艺过程产生的典型危险废物类别

序号	行业	典型危险废物类别
1	电镀等金属表面处理行业	废矿物油，废乳化液，废油漆，含铜、镍、锌、铬等表面处理废物，无机氰化物，废酸，废碱，石棉废物等
2	金属采选、冶炼、铸造压延加工及热处理	含氰热处理废物，废矿物油，废乳化液，含铜、锌、铅、砷等有色金属冶炼废物，废酸，废碱，石棉废物，含钡废物等
3	塑料、橡胶、树脂、油脂化学生产及加工	废乳化液、精（蒸）馏残渣、有机树脂类废物、含醚废物、废有机溶剂、含有机卤化物废物等
4	建材生产及建材使用	含木材防腐剂的废物、废矿物油、废乳化液、废油漆、有机树脂类废物（废胶水）、废酸、废碱、石棉废物
5	印刷纸浆生产及纸加工	废乳化液、废碱、废有机溶剂、废涂料、染料（含重金属）等
6	纺织印染及皮革加工	废乳化液、废油漆、含铬废物、废有机溶剂
7	电力、煤气厂、自来水及废水处理	废乳化液、多氯联苯废物、精（蒸）馏残渣、焚烧处理残渣
8	医药制造及农药生产	医药废物、废药品、农药及除草剂废物、废乳化液、精（蒸）馏残渣、废酸、废碱、有机磷化物废物、有机氰化物废物、含酚废物、含醚类废物、废有机溶剂等
9	制鞋行业的黏合剂涂敷	废有机溶剂、有机树脂类废物
10	印刷、出版及相关工业定影、显影、设备清洗、制版等工艺	废酸、废碱、含汞废液、废有机溶剂、废油墨、感光材料废物等
11	化工原料及化学制造	废酸，废碱，废有机溶剂，含酚、醚、有机卤化物废物，废催化剂，含重金属废物、精（蒸）馏残渣等
12	石油及煤产品制造	废矿物油、精（蒸）馏残渣、含镍废物、废催化剂等
13	电子及通信设备制造	废酸、废碱、废有机溶剂、废矿物油、含铜废物、含铅废物等
14	机械、设备、仪器、器材、用品、产品及零件制造	废酸、废碱、废有机溶剂、废矿物油、废油漆、石棉废物、废催化剂、废铅酸蓄电池等
15	交通运输及车辆保养修理	废矿物油、废油漆、废有机溶剂、多氯联苯废物、废铅酸蓄电池等
16	医疗卫生机构	医疗废物、医药废物、废药品等
17	实验室、商业和贸易、服务行业	废酸、废碱、废有机溶剂、废矿物油、废油漆等，损坏、过期、不合格、废弃及无用的化学品等
18	环境治理行业	废酸，废碱，飞灰，废活性炭，含重金属污泥、有机树脂类废物

（三）工艺技术规律性

就单个工业行业而言，在稳定的工艺技术前提下，其产生的危险废物量和种类是一定的。研究危险废物产生种类及特征规律，有助于危险废物溯源，进一步研究分析产废工艺、工序，计算产排系数并预测产生量，为其源头减量化及全过程管理提供参考。

不同行业产生的危险废物种类和数量取决于其产品和技术。通过改变地区工业产业结构，采用高技术含量、低耗能、低污染的生产工艺是解决危险废物污染的有效途径，如采用清洁能源生产，改进现有生产工艺实现源头减量等。

表1-3　部分无机化学工业固体废物的产生系数

产品（工艺）	固体废物	单位	系数
重铬酸钠（氧化焙烧法）	铬渣	t/t－产品	1.45
二硫化碳（天然气法）	硫黄回收及加氢还原的废催化剂	kg/t－产品	0.14
	硫黄残渣	kg/t－产品	0.03
黄磷（电炉法）	磷泥	kg/t－产品	200
轻质碳酸钙（碳化法）	废渣	kg/t－产品	110
无水硫酸钠（脱水法）	废渣	kg/t－产品	0.008 7
硅酸钠（干法）	硅渣	kg/t－产品	25
白炭黑（沉淀法）	硅渣	kg/t－产品	40
饲料磷酸钙（湿法中和）	磷石膏	t/t－产品	2.2
碳酸锂（浸取）	废渣	t/t－产品	14.5
无水氟化氢（萤石法）	氟化钙	t/t－产品	3.616
纯碱（联氨法）	盐泥	kg/t－产品	20
纯碱（氨碱法）	蒸氨废渣及盐泥	kg/t－产品	350
	返石返砂	kg/t－产品	300
纯碱（天然碱加工）	硅藻土碱泥	kg/t－产品	10
	混盐	kg/t－产品	50
	石灰	kg/t－产品	310
烧碱（离子膜电解法）	废硫酸（干燥尾气用）	t/t cdgp－产品	2.56×10^{-2}（80%）
	盐泥	t/t－产品	4.50×10^{-2}（干基）

第二节 危险废物污染的环境影响防治措施

一、危险废物的环境危害（环境介质）

固体废物既是"源"也是"汇"（"源"是水、气、土污染的污染源，"汇"是水、气、土污染治理的产物）。固体废物领域污染防治攻坚战的成败，直接关乎环境质量改善和环境风险防控目标的实现。危险废物污染防治是固体废物领域污染防治的重要内容，与大气、水、土壤污染防治工作也紧密联系、密不可分，是生态文明建设和生态环境保护的重要领域，对于改善环境质量，防范环境风险、维护生态环境安全、保障人体健康具有重要意义。

（一）危险废物对大气环境的影响

一些危险废物化学性质不稳定，在一定的条件下可以自行分解，产生有毒气体，释放到空气中会污染大气环境；一些危险废物化学性质活泼，很容易与其他物质发生反应，且在发生反应的时候会释放大量有害物质；一些物质本身就容易自燃或者与某些物质堆放在一起发生反应会燃烧，容易导致火灾的发生；还有一些颗粒状的危险废物，很容易随风扩散。

举例：某甲化工企业法定代表人梁某坡通知非法倾倒人员陈某波、高某分别前往某乙化工企业、某丙化工企业装运废盐酸。当晚，陈某波等3人驾驶一辆罐车前往某乙化工企业灌装载废液。该3人驾车至某村滹沱河河道内开始倾倒废液。倾倒期间，高某等2人驾驶另一辆罐车从某丙化工企业灌装载废盐酸也来此处倾倒。陈某宁等2人负责在周边警戒放哨。废液倾倒过程中产生化学反应释放出有毒气体，致在场的陈某波等5人死亡、杨某忠等2人受伤。

（二）危险废物对水环境的影响

任意排放危险废物也会对水环境造成严重的污染。无防腐、无防渗等措施的危险废物会污染浅层地下水；在雨天时，还会随着雨水流入附近的河流、湖泊；在大风天气时，危险废物形成的扬尘，也可以随着气流飘落到附近的水域。

危险废物进入水环境后，不仅会造成水质下降，还会危害人类的生活用水安全。水生生物也会在体内积聚毒素或者被杀死，使水体生态失衡。人类在食用水生生物的同时也会摄入毒素。而且，危险废物依靠水环境自然降解需要很长时间，水体一旦被污染，很长时间内难以恢复。

举例：2020 年 3 月，某公司违规将公司裂解废旧轮胎过程中清罐产生的 33.692 t 废燃料油交由不具有危险废物经营许可的瞿某、周某、丁某、李某 4 人实施非法处置。瞿某等 4 人趁着天黑将废燃料油倒入某小石溪支路、雨水井内，排入长江支流的危险废物有 16 t 多，造成长江支流数公里水体严重污染，水体污染物指标化学需氧量、氨氮、挥发酚、苯胺分别超过国家标准 239 倍、324 倍、319 倍、185 倍，造成生态环境严重破坏，该案生态环境损害量化数额为 111 万余元。

（三）危险废物对土壤环境的影响

危险废物的不规范贮存、填埋不仅会破坏土壤环境，还会造成土地资源被占用，甚至污染食物链。

腐蚀性危险废物及其淋洗、渗滤液中所含的有害物质会改变土壤的性质和结构，并对土壤微生物的活动产生影响。无机毒性危险废物进入土壤后会被植物吸收，通过食物链生物积累效应危及人体和动物健康。危险废物还会被雨淋溶进入地表土层，进而渗入污染地下水，进一步污染饮用水水源，损害人体健康。

任意堆放危险废物还会造成土地资源浪费，农业用地未设置污染防治措施堆放危险废物会使有害物质逐渐地渗入土壤中，污染土壤并破坏生态环境，降低土壤自我恢复的能力，造成土壤不再适用于农业耕作。同时，造成的土壤的酸碱度改变可能使植物难以正常生长，有的甚至无法生长，造成土壤沙化、水土流失现象。

举例：某区发生一起非法填埋危险废物污染土壤的事件。李某伙同赵某和官某等 3 人分别将某医药原料公司（医药制造业，沈某名下）产生的蒸馏残渣和另一制药公司产生的危险废物用货车多次非法转运至现场堆存并就地挖坑掩埋。导致周边土壤中镍、总石油烃、乙苯的含量均超过第二类建设用地筛选值；地表水中石油类指标超地表水 V 类限值 300 多倍。

（四）危险废物对生物的影响

危险废物中的重金属或毒性有机物等进入环境，被动植物吸收会抑制动植物的生长，甚至导致动植物的死亡。其对水生生物造成的影响尤为严重。多数重金属进入水生生物体后，常与酶蛋白结合，破坏酶的活性，影响生物正常的生理活动，使神经系统、呼吸系统、消化系统和排泄系统等功能异常，导致慢性中毒甚至死亡；有的重金属可被水生生物摄取，在体内形成毒性更大的重金属有机化合物，如水中微量的汞经微生物摄取、转化而形成毒性更大的甲基汞。

危险废物接触土壤，会造成土壤酸化、土壤碱化和土壤板结，进而刺激微生物群落结构及生长过程，影响酶的生物活性，最终导致微生物死亡，破坏土壤微生物群落结构。

（五）危险废物对人体健康的影响

危险废物通过水源、空气、食物链进入人体后，可能会严重影响人体的新陈代谢，造成急性中毒，或产生致癌、突变、生殖遗传毒性等长期慢性毒性影响，损害器官组织，引起各种疾病。

举例：某学校先后有 641 名学生被送到医院进行检查，有 493 人出现皮炎、湿疹、支气管炎、血液指标异常、白细胞减少等异常症状，个别学生还被查出了淋巴癌、白血病等恶性疾病。经排查发现，学校紧邻的 3 家化工厂生产克百威、灭多威、异丙威、氰基萘酚等剧毒类产品，这 3 家化工厂将危险废物偷偷埋到地下，最终给学生身体健康造成严重的损害。

二、预防危险废物环境污染的措施

（一）收集贮存环节

危险废物贮存设施应根据危险废物的形态、物理化学性质、包装形式和污染物迁移途径，采取必要的防风、防晒、防雨、防漏、防渗、防腐以及其他环境污染防治措施，不应露天堆放危险废物。贮存设施内，防渗、防腐材料应覆盖所有可能与废物及其渗出液等接触的构筑物表面，并采用与之相适应的防渗、防腐结构。对可能产生粉尘、挥发性有机物、酸雾以及其他有毒有害大气污染物的要设置气体收集装置，并导入气体净化设施。

（二）运输环节

运输危险废物，应当采取防止污染环境的措施，并遵守国家有关危险货物运输管理的规定。装运危险废物的容器也要根据危险废物的不同特性而设计，选择不易破损、变形、老化的材质，有效防止渗漏、扩散。危险废物运输时的中转、装卸过程应遵守如下技术要求：卸载区的工作人员应熟悉废物的危险特性，并配备适当的个人防护装备，装卸剧毒废物应配备特殊的防护装备；卸载区应配备必要的消防设备和设施，并设置明显的指示标志；危险废物装卸区应设置隔离设施，液态废物卸载区应设置收集槽和缓冲罐。

（三）利用／处置环节

利用／处置方式包括作为燃料（直接燃烧除外）或以其他方式产生能量、溶剂回收／再生（如蒸馏、萃取等）、再循环／再利用不用作溶剂的有机物、再循环／再利用金属和金属化合物、再循环／再利用其他无机物、再生酸或碱、回收污染减除剂的组分、回收催化剂组分、废油再提炼或其他废油的再利用、生产建筑材料、清洗包装容器、水泥窑协同处置、填埋、物理化学处理（如蒸发、干燥、中和、沉淀等，不包括填埋或焚烧前的预处理）、焚烧及其他。

建设危险废物利用或处置设施前，要按照《危险废物焚烧污染控制标准》（GB 18484）、《危险废物填埋污染控制标准》（GB 18598）和《水泥窑协同处置固体废物污染控制标准》（GB 30485）等，分析论证建设项目危险废物处置设施的技术、经济可行性，包括处置工艺、处理能力是否满足要求，装备（装置）水平的成熟、可靠性及运行的稳定性和经济合理性，污染物稳定达标的可靠性。

三、建设项目危险废物环境影响

（一）立项及场址选择

根据《固体废物处理处置工程技术导则》（HJ 2035），危险废物处置厂（场）址的选择应符合城市总体规划、区域环境保护专业规划、环境卫生专业规划及国家有关标准的要求，应符合当地的大气污染防治、水资源保护和自然生态保护要求，并通过环境影响评价；应综合考虑危险废物处置厂（场）的服务区域、地理位置、水文地质、气象条件、交通条件、土地利用现状、基础设施状况、运输距离及公众意见等因素；危险废物处置厂（场）界与居民区的距离，应根据污染源的性质和当地的自然、气象条件等因素，通过环境影响评价确定。

根据《建设项目危险废物环境影响评价指南》，产废单位危险废物贮存场所（设施）环境影响分析包括：按照《危险废物贮存污染控制标准》（GB 18597），结合区域环境条件，分析危险废物贮存场所（设施）选址的可行性；根据危险废物产生量、贮存期限等分析、判断危险废物贮存场所（设施）的能力是否满足要求；按环境影响评价相关技术导则的要求，分析预测危险废物贮存过程中对环境空气、地表水、地下水、土壤以及环境敏感保护目标可能造成的影响。

（二）项目全生命周期的环境影响

进行环境影响评价时，要从危险废物的产生、收集、贮存、运输、利用和处置等全过程以及建设期、运营期、服务期满后等全时段角度考虑，分析预测建设项目产生的危险废物可能造成的环境影响，还要分析危险废物从厂区内产生环节运输到贮存场所或处置设施可能产生散落、泄漏所引起的环境影响，运输路线沿线有环境敏感点的，应考虑其对环境敏感点的环境影响。

（三）环境风险评价

危险废物的特点是成分复杂、种类多，其中医疗废物还具有感染性的风险，因此开展含危险废物的环境风险评价的目的便是分析和预测建设项目的潜在性危险；按照《建设项目环境风险评价技术导则》（HJ 169），针对危险废物产生、收集、贮存、运输、利用、处置等不同阶段的特点，进行风险识别和源项分析并进行后果计算，提出危险废物的环境风险防范措施和应急预案编制意见。

（四）污染防治措施及环境管理要求

进行环境影响评价时，需重视项目污染防治措施的可行性及合理性。首先，尽量从产生源降低能源及原料的消耗，在不同环节采用不同的治理措施，充分运用循环经济理念，使危险废物循环利用效率有效提高，最终达到减量化的目的。其次，对于无法利用的危险废物，在评价中需结合区域的环境规划，包括污染总量要求，以制定针对性治理措施。最后，在处置危险废物时，应重视建设污染防治设施和保证环境监管措施。

进行环境影响评价时，要按照危险废物相关导则、标准、技术规范等要求，对项目危险废物收集、贮存、运输、利用、处置各环节提出全过程环境监管要求。对冶金、石化和化工行业中有重大环境风险、建设地点敏感且持续排放重金属或者持久性有机污染物的建设项目，提出开展环境影响后评价要求，并将后评价作为其改（扩）建、技改环评管理的依据。

．．．

【本章作者：许椐洋、张继享、郑成辉、商　婕、丁　鹤、刘国梁、郑凡瑶】

第二章

危险废物鉴别及应用

本章首先介绍危险废物鉴别的体系、程序和主要方法；其次从危险废物产生单位、鉴别单位、管理单位和公众等各方在危险废物鉴别过程中的角色和相关事项方面进行阐述；最后列举了危险废物鉴别结果的典型应用场景以及危险废物鉴别典型案例。通过上述内容的介绍，力求使读者对危险废物鉴别形成全面系统的认识。

第一节　概述

一、危险废物鉴别简述

危险废物鉴别是指危险废物鉴别单位根据《国家危险废物名录》，或者按照《危险废物鉴别标准　通则》（GB 5085.7）及《危险废物鉴别技术规范》（HJ 298）等相关法律和规定，判断待鉴别固体废物的危险特性，明确该固体废物是否属于危险废物的过程。

危险废物鉴别既是识别固体废物危险特性的重要技术手段，也是危险废物环境管理和污染防治的技术基础和关键依据。危险废物鉴别是落实《中华人民共和国固体废物污染环境防治法》中关于危险废物环境日常管理和执法过程中的重要工作。减少危险废物属性误判是提高危险废物环境监管的基础与前提，也是司法机关正确履行公权力、进行公平公正判决的重要因素与关键环节。危险废物鉴别体系直接关系到摸清危险废物底数、提高危险废物利用处置设施效率、降低危险废物环境风险以及保障司法执行力等诸多危险废物管理工作的核心问题，是我国危险废物环境管理的基础，是加强危险废物污染防治工作的重要保障措施。

二、危险废物鉴别体系

当前危险废物鉴别体系主要由"11126"构成，即由"1个名录、1个通知、1个通则、2个技术规范、6个鉴别标准"构成，分别为《国家危险废物名录》《关于加强危险废物鉴别工作的通知》（环办固体函〔2021〕419号）《危险废物鉴别标准　通则》（GB 5085.7）《危险废物鉴别技术规范》（HJ 298）《工业固体废物采样制样技术规范》（HJ/T 20）《危险废物鉴别标准　腐蚀性鉴别》（GB 5085.1）《危险废物鉴别标准　急性毒性初筛》（GB 5085.2）《危险废物鉴别标准　浸出毒性鉴别》（GB 5085.3）《危险废物鉴别标准　易燃性鉴别》（GB 5085.4）《危险废物鉴别标准　反应性鉴别》（GB 5085.5）和《危险废物鉴别标准　毒性物质含量鉴别》（GB 5085.6）（图2-1）。

此外，对于特定类型的固体废物，生态环境部发布了《危险废物排除管理清单（2021年版）》，明确了6类不属于危险废物的固体废物，包括石油和天然气开采行业产生的废弃水基钻井泥浆及岩屑；纸浆制造行业产生的脱墨渣；合成材料制造行业7类树脂生产过程中造粒工序产生的废料；金属表面处理及热处理加工行业的热浸镀锌浮渣和锌底渣；金属表面处理及热处理加工行业铝电极箔生产过程产生的废水处理污泥；风能原动设备制造行业产生的风电叶片切割边角料废物。

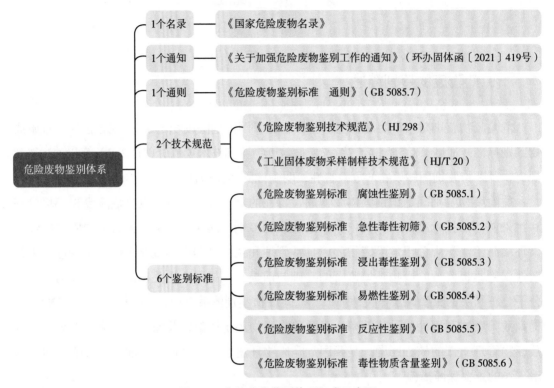

图 2-1 危险废物鉴别体系组成示意图

【浅析】待鉴别物质的危险特性不在《国家危险废物名录》内的情况下，但又不排除具有毒性、腐蚀性、易燃性或者反应性的一种或者一种以上危险特性，则需要通过检测判定待鉴别物质的危险特性。GB 5085.1～GB 5085.7 是待鉴别固体废物危险特性的判定标准。实验检测过程中的采样和分析过程应遵循《工业固体废物采样制样技术规范》（HJ/T 20）和《危险废物鉴别技术规范》（HJ 298）中的要求。

第二节 危险废物鉴别程序及流程

危险废物鉴别程序首先根据《固体废物鉴别标准 通则》（GB 34330）判断待鉴别的物品、物质是否属于固体废物，不属于固体废物的，则不属于危险废物；其次经判断属于固体废物的，应先对照《国家危险废物名录》，凡列入《国家危险废物名录》的固体废物，属于危险废物，不需要进行危险特性鉴别；再次对未列入《国家危险废物名录》的固体废物，针对其生产的原辅材料和工艺等内容进行论证就可以排除其具有危险特性的，则可以不开展危险特性检测工作或辅助性检测工作，直接作出该固体废物不具有危险特性的属性认定报告，并在国家危险废物鉴别信息公开服务平台公示，从而避免危险废物鉴别过程的过度检测。最后，若不排除具有腐蚀性、毒性、易燃性、反应性的固体废物，应依据《危险废物鉴别标准》（GB 5085.1～GB 5085.7）及《危险废物鉴别技术规范》（HJ 298）进行鉴别，凡具有腐蚀性、毒性、易燃性、反应性中一种或一种以上危险特性的固体废物，属于危险废物；再根据《危险废物鉴别技术规范》（HJ 298），经鉴别具有危险特性的，应当根据其主要有害成分和危险特性确定所属危险废物类别，并按代码"900-000-××"（××为《国家危险废物名录》中危险废物类别代码）进行归类。

危险废物鉴别流程：首先，危险废物鉴别前，鉴别委托方应在全国危险废物鉴别信息公开服务平台（以下简称信息平台，https://gfmh.meescc.cn）注册并公开拟开展危险废物鉴别情况。鉴别委托方拟委托第三方开展危险废物鉴别的，应在信息平台上选择危险废物鉴别单位（鉴别单位事先在信息平台注册），并签订书面委托合同，约定双方权利和义务。其次，危险废物鉴别中，危险废物鉴别单位应严格依据《国家危险废物名录》、《危险废物鉴别标准》（GB 5085.1～GB 5085.7）和《危险废物鉴别技术规范》（HJ 298）等国家法律和标准规定的鉴别标准和鉴别方法开展危险废物鉴别。最后，危险废物鉴别完成后，鉴别委托方应将危险废物鉴别报告和现场踏勘记录等其他相关资料上传至信息平台并向社会公开，同时报告鉴别委托方所在地设区的市级生态环境主管部门（图2-2）。

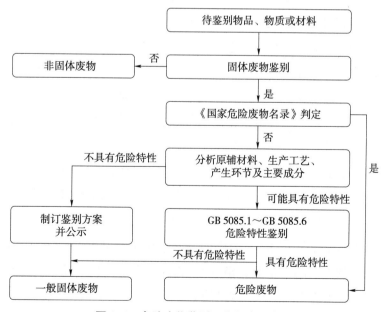

图2-2 危险废物鉴别工作程序示意图

若对信息平台公开的危险废物鉴别报告存在异议的，可向鉴别委托方所在地省级危险废物鉴别专家委员会提出评估申请，并提供相关异议的理由和有关证明材料；由省级危险废物鉴别专家委员会完成评估后，鉴别委托方应将评估意见及按照评估意见修改后的危险废物鉴别报告和其他相关资料上传至信息平台，再次向社会公开。若对省级危险废物鉴别专家委员会评估意见存在异议，可向国家危险废物鉴别专家委员会提出评估申请，并提供相关异议的理由和有关证明材料。国家危险废物鉴别专家委员会完成评估后的意见作为危险废物鉴别的最终评估意见。鉴别委托方应将最终评估意见及修改后的相关资料上传至信息平台并再次向社会公开。

【浅析】危险废物鉴别工作：危险废物鉴别单位应充分与鉴别委托方沟通，取得相关材料。生产过程中产生的待鉴别固体废物，应当取得委托方的环境影响报告书（表）及批复、可行性研究报告、竣工验收报告等材料，充分了解固体废物产生的原辅材料和工艺；若涉及环境污染案件的，按需收集现场检查（勘察）笔录、调查询问笔录、案件调查报告等材料。

一、固体废物属性鉴别

依据《固体废物鉴别标准　通则》（GB 34330），判断待鉴别的物品、物质是否属于固体废物的属性鉴别方式如下（不适用于放射性）：

（一）作为固体废物管理的物质

1. 依据产生来源的固体废物鉴别

（1）丧失原有使用价值的物质，包括以下种类：

①在生产过程中产生的因不符合国家、地方制定或行业通行的产品标准（规范），或者因质量原因，而不能在市场出售、流通或者不能按照原用途使用的物质，如不合格品、残次品、废品等。但符合国家、地方制定或行业通行的产品标准中等外品级的物质以及在生产企业内进行返工（返修）的物质除外。

②因超过质量保证期，而不能在市场出售、流通或者不能按照原用途使用的物质。

③因沾染、掺入、混杂无用或有害物质使其质量无法满足使用要求，而不能在市场出售、流通或者不能按照原用途使用的物质。

④在消费或使用过程中产生的，因使用寿命到期而不能继续按照原用途使用的物质。

⑤执法机关查处没收的需报废、销毁等无害化处理的物质，包括（但不限于）假冒伪劣产品、侵犯知识产权产品、毒品等禁用品。

⑥以处置废物为目的生产的，不存在市场需求或不能在市场上出售、流通的物质。

⑦因自然灾害、不可抗力因素和人为灾难因素造成损坏而无法继续按照原用途使用的物质。

⑧因丧失原有功能而无法继续使用的物质。

⑨由于其他原因而不能在市场出售、流通或者不能按照原用途使用的物质。

（2）生产过程中产生的副产物，包括以下种类：

①产品加工和制造过程中产生的下脚料、边角料、残余物质等。

②在物质提取、提纯、电解、电积、净化、改性、表面处理以及其他处理过程中产生的残余物质。

③在物质合成、裂解、分馏、蒸馏、溶解、沉淀以及其他过程中产生的残余物质。

④金属矿、非金属矿和煤炭开采、选矿过程中产生的废石、尾矿、煤矸石等。

⑤石油、天然气、地热开采过程中产生的钻井泥浆、废压裂液、油泥或油泥砂、油脚和油田溅溢物等。

⑥火力发电厂锅炉、其他工业和民用锅炉、工业窑炉等热能或燃烧设施中，燃料燃烧产生的燃煤炉渣等残余物质。

⑦在设施设备维护和检修过程中，从炉窑、反应釜、反应槽、管道、容器以及其他设施设备中清理出的残余物质和损毁物质。

⑧在物质破碎、粉碎、筛分、碾磨、切割、包装等加工处理过程中产生的不能直接作为产品或原材料或作为现场返料的回收粉尘、粉末。

⑨在建筑、工程等施工和作业过程中产生的报废料、残余物质等建筑废物。

⑩畜禽和水产养殖过程中产生的动物粪便、病害动物尸体等。

⑪农业生产过程中产生的作物秸秆、植物枝叶等农业废物。

⑫教学、科研、生产、医疗等实验过程中，产生的动物尸体等实验室废弃物。

⑬其他生产过程中产生的副产物。

（3）环境治理和污染控制过程中产生的物质，包括以下种类：

①烟气和废气净化、除尘处理过程中收集的烟尘、粉尘，包括粉煤灰。

②烟气脱硫产生的脱硫石膏和烟气脱硝产生的废脱硝催化剂。

③煤气净化产生的煤焦油。

④烟气净化过程中产生的副产硫酸或盐酸。

⑤水净化和废水处理产生的污泥及其他废弃物质。

⑥废水或废液（包括固体废物填埋场产生的渗滤液）处理产生的浓缩液。

⑦化粪池污泥、厕所粪便。

⑧固体废物焚烧炉产生的飞灰、底渣等灰渣。

⑨堆肥生产过程中产生的残余物质。

⑩绿化和园林管理中清理产生的植物枝叶。

⑪河道、沟渠、湖泊、航道、浴场等水体环境中清理出的漂浮物和疏浚污泥。

⑫烟气、臭气和废水净化过程中产生的废活性炭、过滤器滤膜等过滤介质。

⑬在污染地块修复、处理过程中，采用填埋、焚烧、水泥窑协同处置或生产砖、瓦、筑路材料等其他建筑材料任何一种方式处置或利用的污染土壤。

⑭在其他环境治理和污染修复过程中产生的各类物质。

（4）其他：

①法律禁止使用的物质。

②国务院生态环境行政主管部门认定为固体废物的物质。

2. 利用和处置过程中的固体废物鉴别

（1）在任何条件下，固体废物按照以下任何一种方式利用或处置时，仍然作为固体废物管理：

①以土壤改良、地块改造、地块修复和其他土地利用方式直接施用于土地或生产施用于土地的物质（包括堆肥），以及生产筑路材料。

②焚烧处置（包括获取热能的焚烧和垃圾衍生燃料的焚烧），或用于生产燃料，或包含于燃料中。

③填埋处置。

④倾倒、堆置。

⑤国务院生态环境行政主管部门认定的其他处置方式。

（2）利用固体废物生产的产物同时满足《固体废物鉴别标准 通则》（GB 34330）第 5.2 条规定的，不作为固体废物管理，按照相应的产品管理：

①符合国家、地方制定或行业通行的被替代原料生产的产品质量标准。

②符合相关国家污染物排放（控制）标准或技术规范要求，包括该产物生产过程中排放到环境中的有害物质限值和该产物中有害物质的含量限值；当没有国家污染控制标准或技术规范时，该产物中所含有害成分含量不高于利用被替代原料生产的产品中的有害成分含量，并且在该产物生产过程中，排放到环境中的有害物质浓度不高于利用所替代原料生产产品过程中排放到环境中的有害物质浓度，当没有被替代原料时，不考虑该条件。

③有稳定、合理的市场需求。

（二）不作为固体废物管理的物质

（1）任何不需要修复和加工即可用于其原始用途的物质，或者在产生点经过修复和加工后满足国家、地方制定或行业通行的产品质量标准并且用于其原始用途的物质。

（2）不经过贮存或堆积过程，而在现场直接返回原生产过程或返回其产生过程的物质。

（3）修复后作为土壤用途使用的污染土壤。

（4）供实验室化验分析用或科学研究用固体废物样品。

（5）按照以下方式进行处置后的物质，不作为固体废物管理：

①金属矿、非金属矿和煤炭采选过程中直接留在或返回采空区的符合《一般工业固体废物贮存和填埋污染控制标准》（GB 18599）中第Ⅰ类一般工业固体废物要求的采矿废石、尾矿和煤矸石。但是带入除采矿废石、尾矿和煤矸石以外的其他污染物质的除外。

②工程施工中产生的按照法规要求或国家标准要求就地处置的物质。

（6）国务院生态环境行政主管部门认定不作为固体废物管理的物质。

（三）不作为液态废物管理的物质（不作为固体废物管理）

（1）满足相关法规和排放标准要求可排入环境水体或者市政污水管网和处理设施的废水、污水。

（2）经过物理处理、化学处理和生物处理等废水处理工艺处理后，可以满足向环境水体或市政污水管网和处理设施排放的相关法规和排放标准要求的废水、污水。

（3）废酸、废碱中和处理后产生的满足（1）或（2）条要求的废水。

二、对照《国家危险废物名录（2021年版）》判断

《国家危险废物名录（2021年版）》共有46个大类，467个小类危险废物，每个小类的危险废物都有相应的废物代码（如"261-175-50"）及危险特性（如"T""T/C/I/R""T/R""T，R"等）。

对照《国家危险废物名录（2021年版）》行业来源、危险废物描述和危险特性，判断是否属于危险废物。但危险废物来源广泛，存在同一种废物来源于多个行业的现象。《国家危险废物名录（2021年版）》中的行业代码是指该种废物的主要产生行业来源，不是唯一来源。

举例：某机械加工企业，设有压铸工序，生产工艺为熔融—压铸—机加—装配—检验。在熔融工艺中，纯铝锭经过熔融成铝水，在熔融时不使用除渣剂和精炼剂，但会有少量滤渣产生（含铝量70%以上）。《国家危险废物名录（2021年版）》中只有091（常用有色金属矿采选）、321（常用有色金属冶炼）、323（稀有稀土金属冶炼）产生的铝灰渣才属于危险废物，但前述机械加工企业压铸工艺产生的铝渣同样属于危险废物。根据《国家危险废物名录（2021年版）》，再生铝和铝材加工过程中，废铝及铝锭重熔、精炼、

合金化、铸造熔体表面产生的铝灰渣，及其回收铝过程产生的盐渣和二次铝灰，属于危险废物，代码321-024-48和321-026-48。《国家危险废物名录（2021年版）》中的行业代码是指该种废物的主要产生行业来源，不是唯一来源。

【浅析】判定废物是否列入《国家危险废物名录（2021年版）》时，应该采取以废物描述为主，以行业来源为辅的原则，当两者发生矛盾或不一致时，应以废物描述作为主要判断依据。

举例：部分易混淆的分类还有：①不锈钢炼钢除尘灰。不锈钢除尘灰中以含锌为主，因此应归为HW23（含锌废物）而不是HW21（含铬废物）；②碱法制浆的黑液/白液。碱法（烧碱法和硫酸盐法）蒸煮制浆产生废碱液，无论是黑液还是白液，都属于221-002-35类废物；③电池。废弃的铅蓄电池、镉镍电池、氧化汞电池属于危险废物。锂电池、镍氢电池暂未列入。

三、危险废物的危险特性

危险废物的危险特性包括腐蚀性、毒性、易燃性、反应性和感染性5种。在实际鉴别工作中，固体废物危险特性鉴别的检测项目应根据固体废物的产生源特性确定，必要时可向与该固体废物危险特性鉴别工作无直接利害关系的行业专家咨询。经综合分析固体废物产生过程生产工艺、原辅材料、产生环节和主要危害成分，确定不存在的危险特性，不进行检测。固体废物危险特性鉴别使用GB 5085.1～GB 5085.7规定的相应方法和指标限值。检测过程中，可首先选择可能存在的主要危险特性进行检测。任何一项检测结果按《危险废物鉴别技术规范》（HJ 298）第7章可判定该固体废物具有危险特性时，可不再检测其他危险特性，既可减少检测费用，又可提高鉴别效率。

无法判定可能存在的主要危险特性时，可按检测的难易程度及费用，结合危险和污染特性，依次进行鉴别，参考顺序为腐蚀性→易燃性→反应性→浸出毒性中无机物质→浸出毒性中有机物质→毒性物质含量中无机物质→毒性物质含量中有机物质→急性毒性初筛。

（一）腐蚀性

腐蚀性是指易于腐蚀或溶解金属等物质，且具有酸性或碱性的性质。根据《危险废物鉴别标准　腐蚀性鉴别》（GB 5085.1）的规定，符合下列条件之一的固体废物，属于腐蚀性危险废物：

（1）按照《固体废物　腐蚀性测定　玻璃电极法》（GB/T 15555.12）的规定制备的浸出液，pH≥12.5或pH≤2.0。

（2）在55℃条件下，对《优质碳素结构钢》（GB/T 699）中规定的20号钢材的腐蚀速率≥6.35 mm/a。

（二）毒性

毒性分为急性毒性、浸出毒性和毒性物质含量。急性毒性是指机体（人或实验动物）一次（或24 h内多次）接触外来化合物之后所引起的中毒甚至死亡的效应。固态的危险废物遇水漫沥，其中有害的物质迁移转化，污染环境，浸出的有害物质的毒性称为浸出毒性。毒性物质含量是固体废物本身所含毒性物质的量。

（1）根据《危险废物鉴别标准 急性毒性初筛》（GB 5085.2）的规定，符合下列条件之一的固体废物，属于危险废物：

①经口摄取：固体 LD_{50}≤200 mg/kg，液体 LD_{50}≤500 mg/kg。

②经皮肤接触：LD_{50}≤1 000 mg/kg。

③蒸汽、烟雾或粉尘吸入：LC_{50}≤10 mg/L。

（2）根据《危险废物鉴别标准 浸出毒性鉴别》（GB 5085.3）的规定，按照《固体废物 浸出毒性浸出方法 硫酸硝酸法》（HJ/T 299）制备的固体废物浸出液中任何一种危害成分含量超过浸出毒性鉴别标准限值，则判定该固体废物是具有浸出毒性特征的危险废物，包含的物质有：铜、锌、镉、铅等无机元素及化合物16种；滴滴涕、六六六、乐果等有机农药类10种；硝基苯、二硝基苯、对硝基氯苯等非挥发性有机化合物12种；苯、甲苯、乙苯等挥发性有机化合物12种。

（3）根据毒性物质含量进行危险废物毒性的鉴别。毒性物质包括剧毒物质（acutely toxic substance）、有毒物质（toxic substance）、致癌性物质（carcinogenic substance）、致突变性物质（mutagenic substance）、生殖毒性物质（reproductive toxic substance）以及持久性有机污染物（persistent organic pollutants）。毒性物质名录和分析方法见《危险废物鉴别标准 毒性物质含量鉴别》（GB 5085.6）附录A～F。毒性物质含量判定标准如下：剧毒物质总含量≥0.1%；有毒物质总含量≥3%；致癌性物质总含量≥0.1%；致突变性物质总含量≥0.1%；生殖毒性物质总含量≥0.5%；上述前5种物质与标准值比值之和≥1，如下列等式：

$$\sum\left[\left(\frac{P_{T^+}}{L_{T^+}}+\frac{P_T}{L_T}+\frac{P_{Carc}}{L_{Carc}}+\frac{P_{Muta}}{L_{Muta}}+\frac{P_{Tera}}{L_{Tera}}\right)\right]\geq 1$$

式中，P_{T^+}——固体废物中剧毒物质的含量；

P_T——固体废物中有毒物质的含量；

P_{Carc}——固体废物中致癌性物质的含量；

P_{Muta}——固体废物中致突变性物质的含量；

P_{Tera}——固体废物中生殖毒性物质的含量。

L_{T^+}、L_{T}、L_{Carc}、L_{Muta}、L_{Tera}——分别为各种毒性物质在 GB 5085.6 中的第 4.1～4.5 条 ［上文前 5 种物质］中规定的标准值。

（4）任一持久性有机污染物（除多氯二苯并对二噁英、多氯二苯并呋喃外）含量≥50 mg/kg；

（5）含有多氯二苯并对二噁英和多氯二苯并呋喃含量≥15 μg TEQ/kg。

（三）易燃性

易燃性是指易于着火和维持燃烧的性质。根据《危险废物鉴别标准　易燃性鉴别》（GB 5085.4），下列固体废物被定义为易燃性危险废物：

（1）液态易燃性危险废物。闪点温度低于 60℃（闭杯试验）的液体、液体混合物或含有固体物质的液体。

（2）固态易燃性危险废物。在标准温度和压力（25℃、101.3 kPa）状态下，因摩擦或自发性燃烧而起火，经点燃后能剧烈而持续地燃烧并产生危害的固体废物。

（3）气态易燃性危险废物。在标准温度和压力（25℃、101.3 kPa）状态下，在与空气的混合物中体积分数≤13% 时可点燃的气体，或者在该状态下，不论易燃下限如何，与空气混合，易燃范围的易燃上限与易燃下限之差≥12 个百分点的气体。

（四）反应性

反应性是指易于发生爆炸或剧烈反应，或反应时会挥发有毒气体或烟雾的性质。根据《危险废物鉴别标准　反应性鉴别》（GB 5085.5）的规定，符合下列任何条件之一的固体废物，属于反应性危险废物：

（1）具有爆炸性质。常温常压下不稳定，在无引爆条件下，易发生剧烈变化；在标准温度和压力（25℃、101.3 kPa）下，易发生爆轰或爆炸性分解反应；受强起爆剂作用或在封闭条件下加热，能发生爆轰或爆炸反应。

（2）与水或酸接触产生易燃气体或有毒气体。与水混合发生剧烈化学反应，并放出大量易燃气体和热量；与水混合能产生足以危害人体健康或环境的有毒气体或烟雾；在酸性条件下，每千克含氯化物废物分解产生≥250 mg 氰化氢气体，或者每千克含硫化物废物分解产生≥500 mg 硫化氢气体。

（3）废弃氧化剂或有机过氧化物。极易引起燃烧或爆炸的废弃氧化剂；对热、振动或摩擦极为敏感的含过氧基的废弃有机过氧化物。

（五）感染性

感染性是指细菌、病毒、真菌、寄生虫等病原体，侵入人体引起的局部组织和全身性不良反应。

四、危险废物鉴别采样

（一）采集原则

根据《危险废物鉴别技术规范》（HJ 298）的要求，确保采集的样品具有充分代表性。

（二）采集目的

危险废物采样目的是从一批固体废物中采集具有代表性的样品，通过试验和分析，获得在误差允许范围内的数据。危险废物采样将作用于污染物特征鉴别和分类、环境污染检测、事故调查和应急监测、综合利用或处置、环境影响评价、科学研究、法律调查和仲裁。

（三）采集程序

首先是背景调查和现场踏勘确定，再确定采样方法、确定份样量和份样数、确定采样点准备采样工具，制定安全措施、制定质量控制措施、采样、组成大样（由一批全部份样或全部小样或将其逐个进行粉碎和缩分后组成的样品）或小样（由一批中的两个或两个以上的份样或逐个经过粉碎和缩分后组成的样品）。

1. 现场踏勘

踏勘内容包括：固体废物产生单位、时间、形式和存储方式；固体废物的种类、形态、数量和特性；现场及周边环境；固体废物实验的要求。

2. 样品采集方法

（1）简单随机采样法，适用于堆存、运输中的固体废物和大池（坑、塘）中的液体、固体废物，当时其了解很少，且采样分散不影响分析结果的情形。该方法一般按照对角线形、梅花形、棋盘形、蛇形来确定采样位置。

（2）系统采样法，适用于按一定顺序排列和以运送带、管道等形式连续排出的废物，需按一定的质量时间间隔采集份样。

（3）分层采样法，指若一批废物分为若干层，则在每层中随机采集份样。

（4）两段采样法，适用于由许多车（桶/箱/袋）等容器盛装的固体废物。

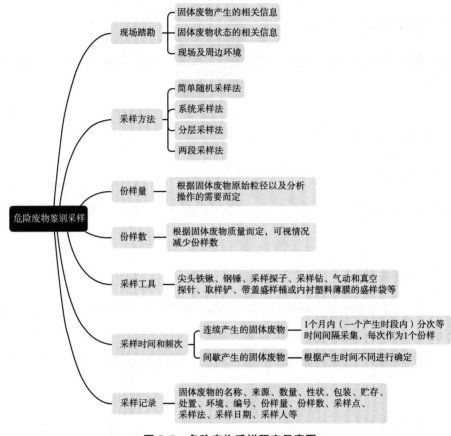

图 2-3　危险废物采样程序示意图

3. 份样量确定

固体废物样品采集的份样量首先应满足分析操作的需要。固体废物的原始颗粒最大粒径越大，所需采集的最小份样量也越大。半固态和液态废物样品采集的份样量应满足分析操作的需要。如表 2-1 所示。

表 2-1　不同颗粒直径的固体废物的一个份样所需采集的最小份样量

原始颗粒最大粒径（以 d 表示）/cm	最小份样量 /g
$d \leqslant 0.50$	500
$0.50 < d \leqslant 1.0$	1 000
$d > 1.0$	2 000

4. 份样数确定

（1）按质量确定

固体废物份样数主要根据固体废物质量而定，需要采集的固体废物最小份样数如表 2-2 所示。

表 2-2　固体废物采集最小份样数

固体废物质量（以 q 表示）/t	最小份样数 / 个
$q \leqslant 5$	5
$5 < q \leqslant 25$	8
$25 < q \leqslant 50$	13
$50 < q \leqslant 90$	20
$90 < q \leqslant 150$	32
$150 < q \leqslant 500$	50
$500 < q \leqslant 1\,000$	80
$q > 1\,000$	100

（2）特别情况

可以适当减少份样数的情形如下：

①如危险特性全部来源于该物质本身，且在使用过程中危险特性不变或降低的物质，份样数不少于 2 个。

②固体废物为废水处理污泥，如废水处理设施的废水的来源、类别、排放量、污染物含量稳定，份样数不少于 5 个。

③固体废物来源于连续生产工艺，且设施长期运行稳定、原辅材料类别和来源固定，份样数不少于 5 个。

④敞口贮存池和不可移动大型容器内液态废物采集份样数不少于 5 个；封闭式贮存池、不可移动大型容器和槽罐车，如不具备在卸除废物过程中采样，采集份样数不少于 2 个。

⑤贮存于可移动的小型容器（容积≤1 000 L）中的固体废物，当容器数量少于根据表 2-2 所确定的最小份样数时，每个容器采集 1 个固体废物样品。

⑥固体废物非法转移、倾倒、贮存、利用、处置等环境事件涉及固体废物的危险特性鉴别，因环境事件处理或应急处置要求，每类固体废物的采集份样数不少于 5 个。

⑦水体环境、污染地块治理与修复过程产生的，需要按照固体废物进行处理处置的水体沉积物及污染土壤等环境介质，以及突发环境事件及其处理过程中产生的固体废物，如鉴别过程已经根据污染特征进行分类，可适当减少采集份样数，每类固体废物的采集份样数不少于 5 个。

5. 采样时间和频次

（1）连续产生的固体废物。样品应分次在 1 个月（或一个产生时段）内等时间间隔采集；每次采样在设备稳定运行的 8 h（或一个生产班次）内完成。每采集 1 次，作为 1 个份样。

（2）间歇产生的固体废物。根据确定的工艺环节1个月内的固体废物的产生次数进行采样：如固体废物产生的时间间隔大于1个月，仅需要选择一个产生时段采集所需的份样数；如1个月内固体废物的产生次数大于或者等于所需的份样数，遵循等时间间隔原则在固体废物产生时段采样，每次采集1个份样；如1个月内固体废物的产生次数小于所需的份样数，将所需的份样数均匀分配到各产生时段采样。

6. 采样工具、程序及记录

固体废物采样工具、采样程序、采样记录和盛样容器参照《工业固体废物采样制样技术规范》（HJ/T 20）的要求进行，固体废物采样安全措施参照《工业用化学产品采样安全通则》（GB/T 3723）。

（1）采样工具：固体废物——尖头铁锹、钢锤、采样探子、采样钻、气动和真空探针、取样铲、带盖盛样桶或内衬塑料薄膜的盛样袋。液体废物——采样勺、采样管、采样瓶、搅拌器。盛样容器应满足：材质与样品物质不起作用，没有渗透性；具有符合要求的盖、塞或阀门，使用前应洗净、干燥；对光敏性工业固体废物样品，盛样容器应不透光。

（2）采样程序包括确定批废物；选派采样人员；明确采样目的和要求；进行背景调查和现场踏勘；确定采样法；确定份样量；确定份样数；确定采样点；选择采样工具；制定安全措施；制定质量控制措施；采样；组成小样（或）大样。

（3）采样记录包括固体废物的名称、来源、数量、性状、包装、贮存、处置、环境、编号、份样量、份样数、采样点、采样法、采样日期、采样人等。

五、有害物质主要分析方法

固体废物有害物质含量常用的检验检测分析方法如表2-3所示。

表2-3　固体废物危害特性检测主要分析方法

序号	项目	分析方法
1	前处理－浸出	硫酸硝酸法（HJ/T 299）、醋酸缓冲溶液法（HJ/T 300）、水平振荡法（HJ 557）
2	前处理－金属样品消解	微波辅助酸消解法（GB 5085.3 附录 S）
3	前处理－六价铬样品消解	碱消解法（GB 5085.3 附录 T）
4	前处理－有机物样品	分液漏斗液－液萃取法（GB 5085.3 附录 U）、索氏提取法（GB 5085.3 附录 V）、Florisil（硅酸镁载体）柱净化法（GB 5085.3 附录 W）
5	氟化物	离子选择性电极法（GB/T 15555.11）

序号	项目	分析方法
6	汞	冷原子吸收分光光度法（GB/T 15555.1）、微波消解/原子荧光法（HJ 702）
7	砷	二乙基二硫代氨基甲酸银分光光度法（GB/T 15555.3）、微波消解/原子荧光法（HJ 702）
8	六价铬	二苯碳酰二肼分光光度法（GB/T 15555.4）、硫酸亚铁铵滴定法（GB/T 15555.7）、碱消解/火焰原子吸收分光光度法（HJ 687）
9	总铬	二苯碳酰二肼分光光度法（GB/T 15555.5）、硫酸亚铁铵滴定法（GB/T 15555.8）、石墨炉原子吸收分光光度法（HJ 750）、火焰原子吸收分光光度法（HJ 749）
10	铜、锌、铅、镉	《铅和镉的测定　石墨炉原子吸收分光光度法》（HJ 787）、《铅、锌和镉的测定　火焰原子吸收分光光度法》（HJ 786）、《镍和铜的测定　火焰原子吸收分光光度法》（HJ 751）
11	镍	丁二酮肟分光光度法（GB/T 15555.10）、《镍和铜的测定　火焰原子吸收分光光度法》（HJ 751）
12	金属元素	《22种金属元素的测定　电感耦合等离子体发射光谱法》（HJ 781）《金属元素的测定　电感耦合等离子体质谱法》（HJ 766）
13	有机磷农药	气相色谱法（HJ 768）
14	有机质	灼烧减量法（HJ 761）
15	挥发性有机物	顶空-气相色谱法（HJ 760）、顶空/气相色谱-质谱法（HJ 643）
16	挥性卤代烃	顶空/气相色谱-质谱法（HJ 714）、吹扫捕集/气相色谱-质谱法（HJ 713）
17	酚类化合物	气相色谱法（HJ 711）
18	二噁英类	同位素稀释高分辨气相色谱-高分辨质谱法（HJ 77.3）

六、判定标准

（一）样品检测结果判断

在对固体废物样品进行检测后，检测结果超过 GB 5085.1～GB 5085.7 中相应标准限值的份样数大于等于表 2-4 中的超标份样数限值，即可判定该固体废物具有该种危险特性。如果采集的固体废物份样数与表 2-4 中的份样数不符，按照表 2-4 中与实际份样数最接近的较小份样数进行结果判断。如果采样份样数小于表 2-4 规定最小份样数（5 份）时，检测结果超过 GB 5085.1～GB 5085.7 中相应标准限值的份样数大于或者等于 1，即可判定该固体废物具有该种危险特性。

表 2-4　检测结果判断方案

单位：个

份样数	超标份样数下限	份样数	超标份样数下限
5	2	32	8
8	3	50	11
13	4	80	15
20	6	≥100	22

（二）危险废物混合后的判定原则

（1）具有毒性、感染性中一种或多种危险特性的危险废物与其他物质混合，导致危险特性扩散到其他物质中，混合后的固体废物属于危险废物。

（2）仅具有腐蚀性、易燃性、反应性中一种或多种危险特性的危险废物与其他物质混合，混合后的固体废物经鉴别不再具有危险特性的，不属于危险废物。

（3）危险废物与放射性废物混合，混合后的废物应按照放射性废物管理。

（4）在鉴别工作中使用混合后判定规则时需要注意两点：一是《危险废物鉴别标准　通则》（GB 5085.7）中所述的"混合"是指将产生于不同的产生源或产生节点的两种或两种以上固体废物或物质混合在一起的行为；二是需要根据危险废物中污染物的存在形态，以及在混合过程中的物质迁移，对混合是否导致危险特性扩散到其他物质中做出判断，以确定是否适用于混合后判断规则。

（三）危险废物利用处置后的判定原则

（1）仅具有腐蚀性、易燃性、反应性中一种或一种以上危险特性的危险废物利用过程和处置后产生的固体废物，经鉴别不再具有危险特性的，不属于危险废物。

（2）具有毒性危险特性的危险废物利用过程产生的固体废物，经鉴别不再具有危险特性的，不属于危险废物。除国家有关法规、标准另有规定的外，具有毒性危险特性的危险废物处置后产生的固体废物，仍属于危险废物。

（3）除国家有关法规、标准另有规定的外，具有感染性危险特性的危险废物利用处置后，仍属于危险废物。

（四）危险废物运输过程发生事故的判定原则

危险废物运输过程中一旦发生意外事故，其清理过程中产生的所有废物均应按危险废物进行管理和处置。

第三节　产废单位的危险废物鉴别

一、必要性

根据《关于加强危险废物鉴别工作的通知》（环办固体函〔2021〕419号）、《福建省强化危险废物监管和利用处置能力改革行动方案》（闽环发〔2021〕11号）的有关要求，产生固体废物的单位应落实危险废物鉴别的主体责任，按规定主动开展危险废物鉴别。对需要开展危险废物鉴别的固体废物，产生固体废物的单位以及其他相关单位（鉴别委托方）可委托第三方开展危险废物鉴别，也可自行开展危险废物鉴别。

根据《中华人民共和国固体废物污染环境防治法》《固体废物鉴别标准　通则》（GB 34330）及《建设项目危险废物环境影响评价指南》（环境保护部公告　2017年第43号）等相关法律和规范性文件的规定，对建设项目产生的物质（除目标产物，即产品和副产品外），依据产生来源、利用和处置过程鉴别属于固体废物并且作为固体废物管理的物质，应按照《国家危险废物名录》《危险废物鉴别标准　通则》（GB 5085.7）等进行属性判定。

二、危险废物来源

应开展危险废物鉴别的固体废物包括：

（1）生产及其他活动中产生的可能具有对生态环境和人体健康造成有害影响的毒性、腐蚀性、易燃性、反应性或感染性等危险特性的固体废物。

（2）依据《建设项目危险废物环境影响评价指南》等文件的有关规定，开展环境影响评价需要鉴别的可能具有危险特性的固体废物，以及建设项目建成投运后产生的需要鉴别的固体废物。

（3）生态环境主管部门在日常环境监管工作中认为有必要，且有检测数据或工艺描述等相关材料表明可能具有危险特性的固体废物。

（4）突发环境事件涉及的或历史遗留的等无法追溯责任主体的可能具有危险特性的固体废物。

（5）其他根据国家有关规定应进行鉴别的固体废物。

三、鉴别工作要求

对需要开展危险废物鉴别的固体废物，产生固体废物的单位以及其他相关单位可委托第三方开展危险废物鉴别，也可自行开展危险废物鉴别。产废单位鉴别工作流程见图2-4。

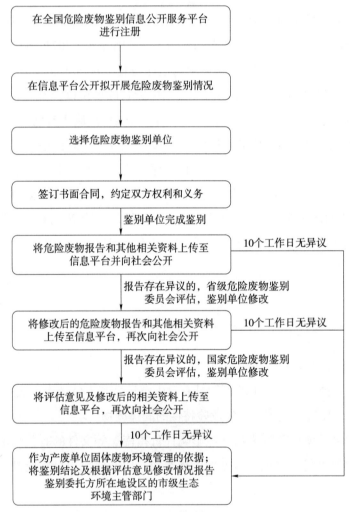

图2-4　产废单位鉴别工作流程

举例：固体废物在属性鉴别期间，将待鉴别的固体废物暂时参照危险废物进行管理；固体废物申报、危险废物管理计划等相关内容与鉴别结论不一致的，产生固体废物的单位应及时根据鉴别结论进行变更，同时鉴别委托方应及时将鉴别结论及根据评估意见修改情况报告鉴别委托方所在地设区的市级生态环境主管部门；属于一般工业固体废物的，按照一般工业固体废物的相应类别的管理要求进行规范化管理；经鉴别属于危险废物的，应严格按照危险废物相关法律制度要求管理，根据鉴别结论，涉及污染物排放种类、排放量增加的，应依法重新申请排污许可证。

第四节　鉴别单位要求

一、基本要求

危险废物鉴别单位应当是能依法独立承担法律责任的单位，坚持客观、公正、科学、诚信的原则，遵守国家有关法律法规和标准规范，对危险废物鉴别报告的真实性、规范性和准确性负责。产废单位若自行开展危险废物鉴别的，也应满足鉴别单位要求。

二、检验检测能力

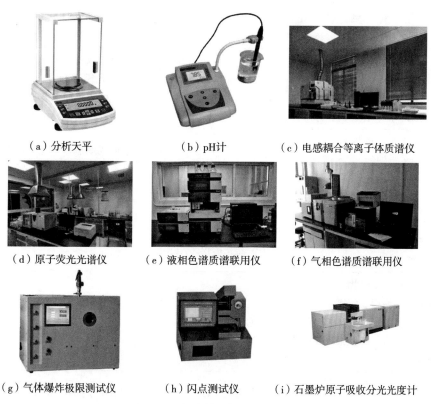

（a）分析天平　　　　（b）pH计　　　　（c）电感耦合等离子体质谱仪

（d）原子荧光光谱仪　　（e）液相色谱质谱联用仪　　（f）气相色谱质谱联用仪

（g）气体爆炸极限测试仪　　（h）闪点测试仪　　（i）石墨炉原子吸收分光光度计

图 2-5　部分检测仪器示意图

应具有固体废物危险特性相关指标检验检测能力，并取得检验检测机构资质认定（CMA）等资质，方可开展鉴别工作中的检验检测工作。同一危险废物的鉴别，委托的第三方检验检测单位数量不宜超过2家。

表2-5　常用检测设备清单

序号	危险特性	仪器设备	要求
1	—	分析天平	精确至0.1 mg
2	—	温控式电热板	温度能够保持在95℃
3	—	重力对流干燥烘箱	能够维持在（180±5）℃
4	腐蚀性	pH计/离子活度计	—
5	浸出毒性、毒性物质含量：银、铝、砷、钡、铍、钙、镉、钴、铬、铜、铁、钾、镁、锰、钠、镍、铅、锑、锶、铊、钛、铋、钒、锌	电感耦合等离子发射光谱仪（ICP-AES）	多道式、顺序扫描式
6	浸出毒性、毒性物质含量：银、铝、砷、钡、铍、镉、钴、铬、铜、汞、锰、钼、镍、铅、锑、硒、铊、铋、铀、钒、锌	电感耦合等离子体质谱仪（ICP-MS）	能对5～250 amu（原子质量单位）质量范围内进行扫描，最小分辨率在5%，峰高处峰宽1 amu；射频发生器符合FCC规范；氩气源为高级纯（99.99%）
7	浸出毒性、毒性物质含量：银、砷、钡、铍、镉、钴、铬、铜、铁、锰、钼、镍、铅、锑、硒、铊、钒、锌	石墨炉原子吸收分光光度计（GFAAS）	单道或双道，单光束或双光束仪器具有光栅单色器、光电倍增检测器，可调狭缝，波长190～800 nm，有背景校正装置和数据处理
8	浸出毒性、毒性物质含量：银、铝、钡、铍、钙、镉、钴、铬、铜、铁、钾、锂、镁、锰、钼、钠、镍、锇、铅、锑、锡、锶、铊、钒、锌	火焰原子吸收分光光度计（FAAS）	单道或双道，单光束或双光束仪器具有光栅单色器、光电倍增检测器，可调狭缝，波长190～800 nm，有背景校正装置和数据处理
9	浸出毒性、毒性物质含量：砷、锑、铋、硒	原子荧光光谱仪（AFS）	—
10	浸出毒性、毒性物质含量：氟离子、溴酸根、氯离子、亚硝酸根、氰酸根、溴离子、硝酸银、磷酸根、硫酸根、氰根离子、硫离子	离子色谱仪（IC）	—
11	浸出毒性：有机氯农药、有机磷化合物	气相色谱仪（GC）	配有电子捕获检测器

序号	危险特性	仪器设备	要求
12	浸出毒性：硝基芳烃和硝基胺	高效液相色谱仪（HPLC）	带有紫外检测器
13	浸出毒性：非挥发性化合物	液相色谱质谱联用仪（HPLC-MS）	HPLC：带有紫外检测器；MS：一个单—四极杆质谱仪，能从1扫描到1 000 amu，质谱仪也能用70 V（表现）电子能量以正或负离子轰击方式在小于或1.5 s内从150 amu扫描到450 amu。此外，质谱仪必须能得到PEG400、600、800或其他作校正用的化合物的校正质谱图
14	浸出毒性、毒性物质含量：苊、烯、苯乙酮、2-乙酰氨基芴、1-乙酰-2硫脲等半挥发性有机化合物	气相色谱质谱联用仪（GC-MS）	MS：配有电子轰击源（EI）
15	易燃性	（1）固态废物：固体燃烧性测试仪；（2）液态废物：闪点测试仪；（3）气态废物：爆炸极限测试仪	（1）固态废物：可实现800~1 000℃高温点火，测试固体物质是否可燃，以及燃烧速率；（2）液态废物：闪点测试范围室温~100℃；（3）气态废物：常温常压爆炸极限测试，高压电极点火
16	反应性	（1）爆炸性筛选：热分析测试仪；（2）氧化性：固体、液体氧化性测试仪；（3）与水反应性：遇水释放出易燃气体测试仪	—

三、专业技术能力

危险废物鉴别单位应当具备危险废物鉴别技术能力，配备一定数量具有环境科学与工程、化学及其他相关专业背景中级及以上专业技术职称或同等能力的全职专业技术人员，且其中应具有从事危险废物管理或研究3年以上的技术人员；应设置专业技术负责人，对鉴别工作技术和质量管理总体负责，技术负责人应具有相关专业高级以上技术职称和5年以上危险废物管理或研究工作经验。

四、组织与管理

危险废物鉴别单位应具有完善的组织结构和健全的管理制度，包括工作程序、质量管理、档案管理和技术管理等，按照《危险废物鉴别报告编制要求》（见《关于加强危险废物鉴别工作的通知》附件2）有关规定编制危险废物鉴别方案和鉴别报告，确保编制质量。

五、工作场所

危险废物鉴别单位应具备固定的工作场所，包括必要的办公条件、危险废物鉴别报告等档案资料管理设施及场所。危险废物鉴别单位一般应配备具有能够开展一项或多项危险特性检测实验能力和资质的实验室，以开展相关检测实验。不具备条件的，可委托具备相应实验条件和资质的机构进行危险特性检测。

六、档案管理

危险废物鉴别单位应健全档案管理制度，建立鉴别报告完整档案，档案中应包括但不限于以下内容：工作委托合同、现场踏勘记录和影像资料、鉴别方案、检测报告、鉴别报告、专家评审意见等质量审查原始文件。

七、管理要求

危险废物鉴别单位应根据要求在全国危险废物鉴别信息公开服务平台上进行注册，注册时应提交单位基本情况、技术力量、开展业务信息、非涉密的鉴别成果及信用信息等。危险废物鉴别单位注册完成后应主动公开基本情况等信息，并声明和承诺对公布内容的真实性、准确性负责，主动接受社会监督。相关注册信息发生变动时，应于10个工作日内在信息平台动态更新。危险废物鉴别单位接受鉴别委托后，应依法依规进行危险废物鉴别，如实出具危险废物鉴别结论。危险废物鉴别单位（包括接受委托开展鉴别的第三方和自行开展鉴别的单位）对鉴别结论报告内容和鉴别结论负责并承担相应责任。危险废物鉴别单位工作流程见图2-6。

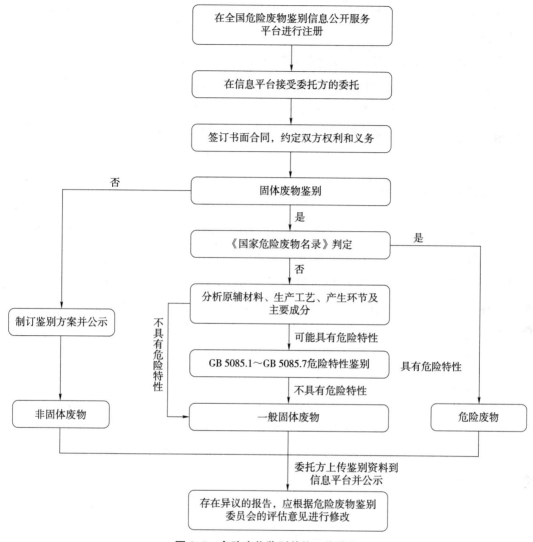

图 2-6 危险废物鉴别单位工作流程

第五节 危险废物鉴别管理单位

一、生态环境部

生态环境部负责全国危险废物鉴别环境管理工作，组织成立国家危险废物鉴别专家委员会，并建设运行全国危险废物鉴别信息公开服务平台。国家危险废物鉴别专家委员会负责针对省级危险废物鉴别专家委员会评估意见的异议及相关鉴别报告进行评估并出具最终评估意见。

生态环境部适时组织对危险废物鉴别单位进行综合评价，评价结果在信息平台公开。可以组织不定期抽取一定比例的危险废物鉴别单位及鉴别报告开展复核，发现有申报信息不实、鉴别程序不规范、鉴别报告失实或者弄虚作假等行为的，依法依规进行处理，并将相关处理结果在信息平台公开。

二、省级生态环境主管部门

省级生态环境主管部门负责行政区域内的危险废物鉴别环境管理工作，组织成立省级危险废物鉴别专家委员会，负责对信息平台公开的存在异议的危险废物鉴别报告进行评估。也可以对危险废物鉴别单位及鉴别报告组织不定期复核，发现有申报信息不实、鉴别程序不规范、鉴别报告失实或者弄虚作假等行为的，依法依规进行处理，并将相关处理结果在信息平台公开。

三、其他

各级生态环境主管部门应强化危险废物鉴别项目的事中、事后监管；在日常环境监管中，认为有必要，且有检测数据或工艺描述等相关材料表明可能具有危险特性的固体废物，需要开展危险废物鉴别。

第六节　公众参与

公众可在全国危险废物鉴别信息公开服务平台获得公开的危险废物鉴别报告。若对信息平台公开的危险废物鉴别报告存在异议的，任何单位和个人都可向鉴别委托方所在地省级危险废物鉴别专家委员会提出评估申请，并提供相关异议的理由和有关证明材料；若对省级危险废物鉴别专家委员会评估意见存在异议的，可向国家危险废物鉴别专家委员会提出评估申请，并提供相关异议的理由和有关证明材料，国家危险废物鉴别专家委员会完成评估后的意见应作为危险废物鉴别的最终评估意见。

省级危险废物鉴别专家委员会和国家危险废物鉴别专家委员会依据评估申请对危险废物报告进行评估，鉴别单位依据评估意见对危险废物鉴别报告进行修改，并由鉴别委托方将评估意见、修改后的相关资料上传至信息平台再次公开。

第七节　生态环境损害鉴定评估中的危险废物鉴定

一、危险废物司法鉴定

司法鉴定是指在诉讼活动中鉴定人运用科学技术或者专门知识对诉讼中涉及的专门性问题进行鉴别和判断并提供鉴定意见的活动。危险废物司法鉴定属于环境损害司法鉴定执业分类中污染物性质鉴定的范畴（见图2-7）。一般是由办理诉讼案件的机关委托，由持有司法鉴定许可证的司法鉴定机构出具司法鉴定意见的司法鉴定活动。危险废物司法鉴定意见在诉讼案中比一般危险废物鉴别意见具有更高的证据效力。

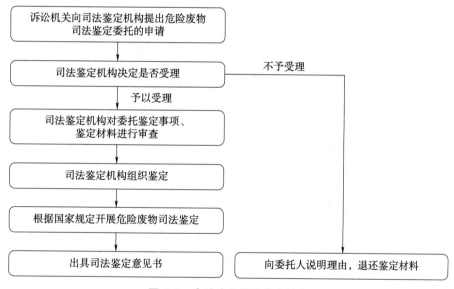

图2-7　危险废物司法鉴定流程

生态损害鉴定过程中的污染物性质鉴定类标准，同时纳入现行国家固体废物污染控制标准体系，危险废物司法鉴定与危险废物鉴别所依据和遵循的技术标准、规范完全一致，并应当严格遵守；在程序上，危险废物司法鉴定过程应符合《司法鉴定程序通则》（司法部令第132号）的要求；危险废物司法鉴定最终成果为《司法鉴定意见书》；危险废物司法鉴定中的检测机构应当具有CMA或CNAS资质；危险废物司法鉴定中样品的采集和检测过程应有必要的影像记录，做到样品不丢失、不混淆、不变质、可溯源；监测项目的方法选择顺序为国家标准优先于行业标准和技术规范，行业标准和技术规范优先于经确认的非标准鉴定方法。

二、危险废物司法认定

危险废物司法认定的主体是司法机关。《最高人民法院、最高人民检察院关于办理环境污染刑事案件适用法律若干问题的解释》（法释〔2023〕7号）中明确司法机关认定危险废物的方法为"对《国家危险废物名录》所列的废物，可以依据涉案物质的来源、产生过程、被告人供述、证人证言以及经批准或者备案的环境影响评价文件等证据，结合生态环境主管部门、公安机关等出具的书面意见作出认定"。见图2-8。

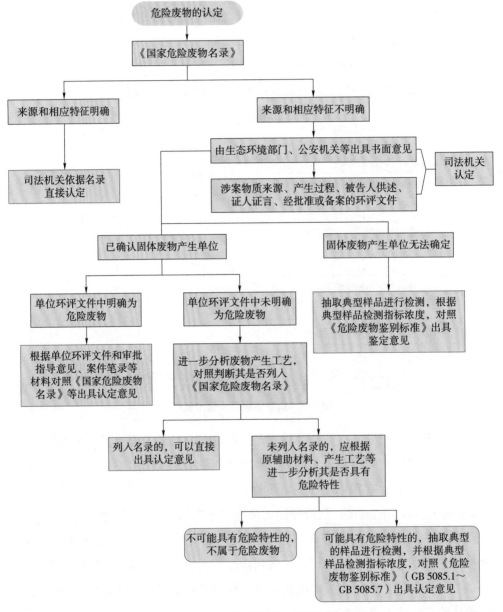

图 2-8　危险废物司法认定流程

三、结果应用

危险废物司法鉴定结果在生态环境损害鉴定方案的制定和虚拟治理成本法的应用中也有重要的参考意义。在虚拟治理成本法的计算上，国家标准《生态环境损害鉴定评估技术指南　基础方法　第 2 部分：水污染虚拟治理成本法》（GB/T 39793.2）规定，具有感染性或毒性的危险废物危害系数（α）为 2，仅具有反应性或腐蚀性的危害系数（α）为 1.5，危险废物的超标系数（τ）取值为 2。

举例：福建省地方标准《土壤环境损害鉴定评估技术方法》（DB35/T 1728）中规定的污染物迁移途径或来源包括"危险废物造成土壤环境受到损害"。明确危险废物造成损害的，土壤中必测的潜在特征污染物有重金属、挥发性有机物、半挥发性有机物、石油烃，选测的特征污染物有持久性有机污染物、氰化物、氟化物、农药。并应对评估区域内各类可能为危险废物的残余废弃物直接布点采样，系统调查阶段的采样需要按照《危险废物鉴别技术规范》（HJ 298）相关要求，实验室样品分析应按照《危险废物鉴别标准》（GB 5085.1～GB 5085.7）和 HJ 298 中的指定方法进行。

举例：福建省地方标准《地表水环境损害鉴定评估技术方法》（DB35/T 1726）虚拟治理成本法中福建省危险废物参考治理费用为 3 000～3 500 元/t，可用于单位治理成本的参考。同时，虚拟治理成本法计算过程中，危险废物的危害性系数（R_1）取值为 1.1。

第八节　危险废物鉴别结果的应用

危险废物鉴别报告在信息平台公开后 10 个工作日内无异议的，或者按照省级危险废物鉴别专家委员会评估意见修改并在信息平台公开后 10 个工作日内无异议的，或者按照最终评估意见修改并在信息平台再次公开的，鉴别结论作为鉴别委托方建设项目竣工环境保护验收、排污许可管理以及日常环境监管、执法检查和环境统计等固体废物环境管理工作的依据，同时作为《国家危险废物名录》动态调整的参考。

一、建设项目竣工环境保护验收

环境影响评价阶段不具备危险特性鉴别条件，要求在固体废物产生后进行鉴别的，应在其产生后进行危险特性鉴别。固体废物在属性鉴别期间，可暂按环境影响评价审批和"三同时"验收的要求进行管理。经鉴别属于危险废物的按照危险废物的产生、收集、贮存、运输、利用、处置要求进行规范化管理，其中危险废物产生单位应根据《危险废物贮存污染控制标准》（GB 18597）进行危险废物贮存；属于一般工业固体废物的，其贮存、处置应符合《一般工业固体废物贮存和填埋污染控制标准》（GB 18599）的相关要求，或委托有一般工业固体废物贮存和填埋主体资格和技术能力处理相应固体废物的单位利用或处置。

二、排污许可管理

排污单位应妥善收集、贮存生产过程中产生的各类固体废物，并按照《国家危险废物名录》或危险废物鉴别标准鉴定类别后采取相应的利用处置方式，不得擅自倾倒、堆放、丢弃、遗撒固体废物。

产生危险废物的单位已经取得排污许可证的，执行排污许可管理制度的规定；根据鉴别结论，产生危险废物的单位产生的危险废物的种类发生变更的，应及时变更排污许可证；涉及污染物排放种类、排放量增加的，应依法重新申请排污许可证。

三、日常监管

鉴别委托方应及时将鉴别结论及根据评估意见修改情况报告鉴别委托方所在地设区的市级生态环境主管部门。各级生态环境部门结合环境统计工作健全危险废物产生单位清单和拥有危险废物自行利用处置设施的单位清单，在此基础上，结合危险废物经营单位清单，建立危险废物重点监管单位清单。年产生危险废物100 t以上的单位以及持有危险废物经营许可证的都属于重点排污单位。

四、国家危险废物名录动态调整

根据《中华人民共和国固体废物污染环境防治法》的要求，《国家危险废物名录》应当动态调整。对危险废物鉴别案例数据信息进行汇总形成大数据，进行筛选分析，得出受关注较多的行业、废物种类情况以及有特殊意义的危险废物案例，以此作为《国家危险废物名录》调整的参考依据。随着危险废物鉴定基础研究工作能力不断加强、鉴别工作经验不断积累，将基于研究成果、实际情况和相关工作基础，重点针对实践中反映较为集中、问题较多的地方进行修订，并对部分产生特性和危险特性已经清楚的危险废物进行修订。

第九节 福建省危险废物鉴别案例

一、根据《国家危险废物名录》判定危险废物

（一）案例概况

某皮革园内企业年加工30万张牛皮革，皮革修边过程中产生蓝皮边角料。企业应在环评过程中以及环境管理过程中对蓝皮边角料的属性进行鉴别。

（二）鉴别程序

首先，企业生产过程中产生的蓝皮边角料属于《固体废物鉴别标准 通则》（GB 34330）中"4.2 生产过程中产生的副产物"中的"a）产品加工和制造过程中产生的下脚料、边角料、残余物质等"，且不属于 GB 34330 章节 6 包括的物质。因此，蓝皮边角料属于固体废物。

其次，本企业属于毛皮鞣制及制品加工企业，对照《国家危险废物名录（2021年版）》的行业来源和产生过程可知，蓝皮边角料的废物类别为 HW21 含铬废物，其废物代码为 193-002-21，为"皮革、毛皮鞣制及切削过程产生的含铬废碎料"，危险特性为毒性（T）。

最后，对照《国家危险废物名录（2021年版）》附录《危险废物豁免管理清单》可知，废物代码为 193-002-21 的含铬皮革废碎料列入豁免管理清单。

（三）鉴别结论

通过比对《国家危险废物名录（2021年版）》，皮革企业皮革修边过程产生的蓝皮边角料属于危险废物，其废物代码为 193-002-21，危险特性为毒性（T）。

二、生化污泥危险特性鉴别

（一）案例概况

鉴别对象为某化学集团厂区污水综合处理站中污水生化处理单元产生的污泥，由沉淀池抽入污泥浓缩池，经絮凝浓缩处理后送至带式压滤机脱水处理（污水处理流程见图 2-9）。

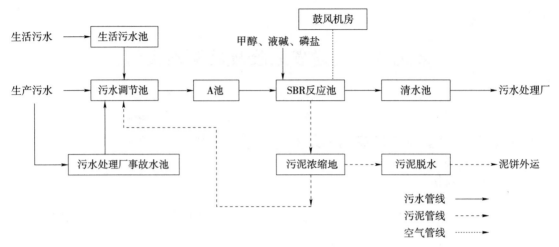

注：污水处理事故状态下，生产污水排入污水处理场事故水池中暂存。

图 2-9 污水处理工艺流程

企业综合废水主要为各装置生产工艺废水（包括煤气化单元废水、低温甲醇洗单元废水、地面冲洗水、实验室废水）、循环水站清净废水、生活污水等，接入厂区综合污水站进行预处理，其设计处理规模为 240 m³/h，废水采用 "A/SBR 工艺" 处理，处理达到《合成氨工业水污染物排放标准》（GB 13458）中表 2 的间接排放标准和所在园区污水处理厂纳管标准后排入园区污水处理厂进一步处理。

根据《国民经济行业分类》（GB/T 4754），本项目行业分类为 C2619——其他基础化学原料制造，不属于煤炭加工行业，不属于煤气生产，因此，不属于废物代码为 252-010-11 的炼焦、煤焦油加工和苯精制过程中产生的废水处理污泥（不包括废水生化处理污泥）。

对照《国家危险废物名录》，本项目造气过程为水煤浆加压气化工艺，是小粒径煤块与工艺水、煤浆分散剂混合后，在磨煤机内制成水煤浆，喷入气化炉中与 95% 以上浓度的纯氧在 1 250℃ 以上进行反应。该工艺反应原料粒径小，反应温度高，不具备生成焦油的条件，且不属于固定床气化工艺，因此，不属于固定床气化技术生产化工合成原料气、燃料油合成原料气过程中粗煤气冷凝产生的焦油和焦油渣（废物代码为 252-017-11）。水煤浆加压气化造气工艺严格意义上属于煤气生产的步骤，但本次鉴定的对象为废水生化处理污泥，属于废物代码为 451-002-11 的煤气生产过程中产生的废水处理污泥（不包括废水生化处理污泥）中的排除项。

综上所述，该生化污泥未列入《国家危险废物名录》，且项目环评及验收报告中未对该生化污泥的固体废物性质进行判定。为明确该生化污泥的固体废物属性，需要开展危险特性鉴别，判定其是否属于危险废物。

（二）鉴别程序

1.固体废物属性判定

本次鉴别对象属于《固体废物鉴别标准 通则》（GB 34330）4.3 条环境治理和污染控制过程中产生的物质 e）水净化和废水处理产生的污泥及其他废弃物质，且不属于 GB 34330 章节 6 中包括的物质。因此，本次鉴别的生化污泥属于固体废物。

2.《国家危险废物名录》比对

本次待鉴别物质为生化处理污泥，不属于名录中特定行业产生的危险废物；不属于各类非特定行业中产生的危险废物；未列入《国家危险废物名录（2021 年版）》附录《危险废物豁免管理清单》。因此，应依据《危险废物鉴别标准》（GB 5085.1）、《危险废物鉴别技术规范》（HJ 298）等国家规定的鉴别标准和鉴别方法开展危险废物鉴别。

3.危险特性初筛

（1）污泥概况

常温下，本次鉴别的生化污泥为灰褐色湿状固体，没有明显刺激性气味。

（2）污泥成分初步判断

根据《合成氨工业水污染物排放标准》（GB 13458），合成氨工业废水中的主要污染物项目包括 pH 值、COD_{Cr}、氨氮、总氮、总磷、氰化物、挥发酚、硫化物、石油类等，在污水处理过程中可能转移至污泥中。造气过程采用水煤浆加压气化技术，气化原料为粒径微小的水磨煤浆，在 95% 以上的富氧条件下气化，反应温度为 1 250℃以上，该工艺不具备焦油的形成条件，且生成挥发酚可能性不高。因此，待鉴别污泥不考虑煤焦油中特征的多环芳烃、吡啶、萘、蒽等成分。催化剂、煤中可能含有微量金属杂质进入污泥中。

综上所述，本次鉴别的初筛除常规的步骤之外，需特别关注合成氨工业水污染排放标准中的特征污染物——氰化物和硫化物；酚类和石油类虽然主要出现在固定床常压/加压气化工艺中，但不能完全排除其存在的可能性，因此鉴别过程中需特别关注酚类和石油类污染物；由于在污水处理过程中加入甲醇作为反硝化碳源，因此，生化污泥中可能有少量甲醇残留，需重点关注甲醇。

（3）初筛样品采集

根据以上考虑，取 5 个生化污泥样品进行危险特性初步鉴别。

（4）初筛结果分析

①腐蚀性

污泥 pH 为 7.95～8.15，结合生产工艺，可以排除生化污泥的腐蚀性。

②急性毒性

综合污水站生化污泥含水率为80%，易挥发性物质含量极低，不会形成蒸汽、烟雾或粉尘。因此，主要通过经口、经皮毒性半数致死量来分析其急性毒性。通过大鼠经皮、经口毒性试验确定生化污泥的急性毒性。

经监测，生化污泥经口摄取固体 LD_{50} 均大于 2 000 mg/kg，经皮肤接触 LD_{50} 均大于 2 004 mg/kg，故判定该生化污泥不具有急性毒性危险特性。

③浸出毒性

根据生化污泥浸出毒性检测结果，5个初筛样品中检出了铜、锌、总铬、钡、镍、砷、硒、无机氟化物8种无机元素及化合物和甲苯1种挥发性有机化合物，但均未超过《危险废物鉴别标准　浸出毒性鉴别》（GB 5085.3）表1中所列的浓度限值。非挥发性有机化合物均未检出。其中，铜、锌、总铬、钡、镍、砷、硒的占标率均小于1%，因此后续检测不再考虑以上监测因子，仅对可能存在的浸出毒性项目以及初筛检出的无机氟化物和甲苯进一步检测。

④易燃性

鉴别对象不含有易燃性物质及化学成分，且在标准温度和压力（25℃，101.3 kPa）下不会因摩擦或自发性燃烧而起火，也无法点燃，不会剧烈而持续地燃烧并产生危害。生化污泥水分含量高（约70%～80%），且从生化污泥的产生过程分析，可排除易燃性。

⑤反应性

考虑到生化污泥产生过程中，微生物对污水中有机物的分解可能会生成硫化氢和氰化氢，因此根据《危险废物鉴别标准　反应性鉴别》（GB 5085.5）中的检测项目，对污泥遇酸反应性（硫化氢）和遇酸反应性（氰化氢）进行了检测。遇酸产生硫化氢速率为0.06～0.12，小于限值250 mg/kg，未检出氰化氢。因此，生化污泥不具有反应性特性。

⑥毒性物质含量

a. 有机物

经气相色谱－质谱仪检测，样品中均未检测出半挥发性有机物，挥发性有机物方面，5个污泥样品均检出甲苯，但未检出其他苯系物。浸出毒性结果显示其含量较低，结合工艺分析污泥中不可能存在大量苯系物。综上，下一步检测中不再将甲苯作为毒性物质含量的检测指标。

b. 无机物

使用ICP-MS进行定性初筛，Al（铝）、Sr（锶）、Na（钠）、Mn（锰）、Ba（钡）、K（钾）、Mg（镁）、Ti（钛）含量超过100 ppm，占比不高。

针对生产原辅料、催化剂及污水处理过程中可能添加的化学药剂进行初步排查，并对照《危险废物鉴别标准　毒性物质含量鉴别》（GB 5085.6）附录中的有毒物质、致癌性物质、生殖毒性物质、无机元素及化合物种类，筛选出了部分指标，在初筛阶段进行定量分析。筛选出的指标包括石油溶剂等 6 种有毒物质、苯等 4 种致癌物质、1 种生殖毒性物质邻苯二甲酸二丁酯、钡等 26 种无机元素及化合物。在初筛样品中检测出石油溶剂（有毒物质）和钡、钒、铬、钴、锰、镍、铅、铊、钛、铝、钙、铜、锌、碲、铂、硫离子、汞、砷、硒、锑、氟 21 种无机元素及化合物。

⑦初筛结论

初筛结果表明，本次鉴别的生化污泥不具备腐蚀性、急性毒性、反应性和易燃性危险特性，可能具有浸出毒性和毒性物质含量等毒性危险特性。

结合工艺分析和初筛检测结果，污泥需要采样检测，根据检测结果复核是否具有毒性物质含量危险特性和浸出毒性危险特性。浸出毒性监测因子包括铜、锌、总铬、钡、镍、砷、硒、无机氟化物 8 种无机元素及化合物和甲苯 1 种挥发性有机化合物；毒性物质含量监测因子包括石油溶剂 1 种有毒物质和钡、钒、铬、钴、锰、镍、铅、铊、钛、铝、钙、铜、锌、碲、铂、硫离子、汞、砷、硒、锑、氟 21 种无机元素及化合物。

（5）监测因子的确定

生化污泥鉴别方案技术审查会上，专家提出参照《合成氨工业水污染物排放标准》（GB 13458），核实生化污泥中相关有毒有害物质的检测结果，重点关注挥发酚、氰化物、硫化物、石油类等监测因子；结合原料煤、煤焦油的常规组分，核实初筛样品中生化污泥有机组分扫描分析结果。

根据专家意见对鉴别方案进行修改完善后，最终确认生化污泥监测因子如下：①浸出毒性：无机氟化物、甲苯、二甲苯、苯酚和氰化物；②毒性物质含量：钡、钒、铬、六价铬、钴、锰、镍、铅、铊、钛、铝、钙、铜、锌、碲、汞、砷、硒、铂、锑、硫离子、氰根离子共 22 种无机元素及化合物和石油溶剂、苯硫酚、甲酚、间苯二酚、对苯二酚 5 种有机物。

4. 检测情况

（1）采样份数

生化污泥最大月产生量为 425 t，对照本章表 2-2，最小份样数为 50 个。

（2）采样份样量

根据分析测试的要求、固体废物的原始颗粒最大粒径以及样品含水率，本次采样的最小份样量为 2 000 g，平行样的份样量不低于 3 000 g。

（3）采样时间和频次

根据《危险废物鉴别技术规范》（HJ 298）中的要求，本项目生化污泥为每天间歇产生（日间运行约 10 h，夜间约 6 h，非 24 h 连续运行）。应根据确定的工艺环节 1 个月内的固体废物的产生次数进行采样，1 个月内固体废物的产生次数（每天 2 次，每个月

60次）大于或者等于所需的份样数（50个），遵循等时间间隔原则在固体废物产生时段采样，每次采集1个份样。

（4）采样记录

采样时，应记录待鉴别固体废物的名称、来源、数量、生产工况、形状、包装、贮存、处置、环境、编号、份样量、份样数、采样点、采样方法、采样日期和采样人等信息。

（三）检测结果综合分析

根据《危险废物鉴别标准》（GB 5085.1～GB 5085.7）的要求，针对生化污泥的腐蚀性、反应性、易燃性、急性毒性、浸出毒性以及毒性物质含量进行检测及分析可知，该生化污泥不具备腐蚀性、反应性、易燃性、急性毒性、浸出毒性，毒性物质含量分析表明，该生化污泥不具备毒性危险特性。

（四）鉴别结论

根据危险废物鉴别技术规范和相应的鉴别标准，在现有工艺及生产规模稳定的基础上，分别通过反应性分析、易燃性分析、腐蚀性分析、浸出毒性分析、毒性物质含量分析、急性毒性初筛特性分析，本次鉴别的综合污水处理站污泥不具有相应危险特性，不属于危险废物。

三、表面处理废水处理污泥危险废物特性分析案例

（一）案例概况

某公司的铝合金工业型材生产线、氧化生产线和喷涂生产线涉及铝材表面处理工艺，有酸碱洗、阳极氧化、电解着色、封孔、粗化（无铬钝化）、喷涂等工序。该公司产生酸碱洗、无铬钝化、阳极氧化废水处理污泥属于《国家危险废物名录（2021年版）》中用括号注明的"不包括……"的废物。依照《国家危险废物名录（2021年版）》常见问题解答，对于这些废物，若不能通过工艺分析等排除其存在的危险特性，则需进一步根据《危险废物鉴别标准》（GB 5085.1～GB 5085.7）和《危险废物鉴别技术规范》（HJ 298）等判定是否属于危险废物。

（二）工艺分析过程

1. 原辅材料分析

酸碱洗、无铬钝化、阳极氧化表面处理使用原料主要为铝合金型材、工业硫酸、液碱和无铬钝化剂，其中铝合金型材、工业硫酸、液碱均是工业标准产品，基本不含其他

有毒有害物质。无铬钝化剂主要有害元素检测结果显示其铬低于检出限，重金属含量极低，远低于《污水综合排放标准》（GB 8978）一级标准限值要求。

2. 工艺分析

酸碱洗、无铬钝化、阳极氧化表面处理工艺废水和污水处理站综合水池废水检测结果显示，酸碱洗、无铬钝化、阳极氧化表面处理废水和污水处理站综合水池废水各检测指标均符合《污水综合排放标准》（GB 8978）一级标准限值要求。

3. 污泥性质分析（非鉴别）

（1）污泥成分检测分析

污泥成分检测数据显示：污泥含水率为 65.3%，主要含铝（占比为 95.2%），重金属铜、锌、镉、铅、铬、镍和砷等含量都很低（占比为 0.000 094%～0.18%），其他主要含硅、钙等。

（2）污泥腐蚀性检测分析

污泥腐蚀性检测数据显示：污泥检测 pH 值不在《危险废物鉴别标准腐蚀性鉴别》（GB 5085.1）中规定的危险废物限值范围内，不具有腐蚀性。

（3）污泥浸出毒性检测分析

污泥酸浸检测数据显示：浸出液有害物质浓度均远低于《危险废物鉴别标准　浸出毒性鉴别》（GB 5085.3）限值要求，不具有浸出毒性。

（三）分析结论

（1）该公司酸碱洗、无铬钝化、阳极氧化表面处理废水处置污泥不在《国家危险废物名录（2021 年版）》中。

（2）表面处理生产工艺分析表明，酸碱洗、无铬钝化、阳极氧化表面处理使用原料主要为铝合金型材、工业硫酸、液碱和无铬钝化剂，其中铝合金型材、工业硫酸、液碱均是工业标准产品，基本不含其他有毒有害物质；无铬钝化剂主要有害元素检测结果显示其铬低于检出限，重金属含量极低，远低于《污水综合排放标准》（GB 8978）一级标准限值要求。

（3）表面处理废水分析表明，酸碱洗、无铬钝化、阳极氧化表面处理废水和污水处理站综合水池废水各检测指标均符合《污水综合排放标准》（GB 8978）一级标准限值要求。

（4）污泥成分、腐蚀性和浸出检测结果表明，酸碱洗、无铬钝化、阳极氧化表面处理污泥不属于危险废物。

综上可知，酸碱洗、无铬钝化、阳极氧化表面处理废水处置污泥不属于危险废物。

【本章作者：从　娟／郑凡瑶（并列）、张继享、刘国梁、郑成辉、余　巍、丁　鹤】

第三章

危险废物管理法律法规政策体系

近年来，国家不断加强危险废物环境管理，相续颁布实施了一系列危险废物管理法律、法规、部门规章、标准及技术规范等，形成了较为完善的管理体系。本章梳理了国家、福建省现行常用的危险废物管理法律法规政策体系，从危险废物管理综合性法规政策、危险废物全过程（产生、收集、贮存、转移、利用处置）管理法规政策和医疗废物管理法规政策三个方面进行分类汇总，涵盖了各项法律法规政策及标准规范的颁布实施时间及适用范围等，便于读者系统学习和参考使用。

第一节 危险废物管理综合性法规政策

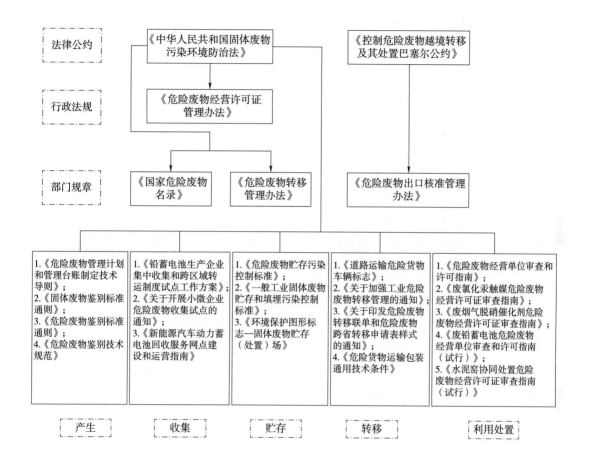

一、综合性法律法规

（1）《控制危险废物越境转移及其处置巴塞尔公约》（1989 年 3 月 22 日在联合国环境规划署于瑞士巴塞尔召开的世界环境保护会议上通过，1992 年 5 月正式生效）

适用范围：适用于危险废物或其他废物从一国管辖地区或通过第三国向另一国管辖地区的越境转移。

（2）《中华人民共和国环境保护法》（1989 年 12 月 26 日第七届全国人民代表大会常务委员会第十一次会议通过，2014 年 4 月 24 日第十二届全国人民代表大会常务委员会第八次会议修订，自 2015 年 1 月 1 日起施行）

适用范围：适用于中华人民共和国领域和中华人民共和国管辖的其他海域的环境

保护。

（3）《中华人民共和国固体废物污染环境防治法》（1995年10月30日第八届全国人民代表大会常务委员会第十六次会议通过，2004年12月29日第十届全国人民代表大会常务委员会第十三次会议第一次修订，2020年4月29日第十三届全国人民代表大会常务委员会第十七次会议第二次修订，自2020年9月1日起施行）

适用范围：适用于固体废物污染环境的防治。

不适用固体废物污染海洋环境的防治和放射性固体废物污染环境的防治。

适用液态废物的污染防治；但是，不适用排入水体的废水的污染防治。

（4）《危险废物经营许可证管理办法》（2004年5月30日中华人民共和国国务院令第408号公布，根据2013年12月7日《国务院关于修改部分行政法规的决定》第一次修订，根据2016年2月6日《国务院关于修改部分行政法规的决定》第二次修订，自2004年7月1日起施行）

适用范围：适用于在中华人民共和国境内从事危险废物收集、贮存、处置经营活动的单位，依照《危险废物经营许可证管理办法》的规定，领取危险废物经营许可证。

危险废物经营许可证按照经营方式，分为危险废物收集、贮存、处置综合经营许可证和危险废物收集经营许可证。领取危险废物综合经营许可证的单位，可以从事各类别危险废物的收集、贮存、处置经营活动；领取危险废物收集经营许可证的单位，只能从事机动车维修活动中产生的废矿物油和居民日常生活中产生的废镉镍电池的危险废物收集经营活动。

（5）《福建省固体废物污染环境防治若干规定》（2009年11月26日福建省第十一届人民代表大会常务委员会第十二次会议通过，自2010年1月1日起施行）

适用范围：适用于福建省行政区域内固体废物污染环境防治及其监督管理。

二、综合性规章政策

（1）《国家危险废物名录（2021年版）》（2020年11月25日生态环境部、国家发展和改革委员会、公安部、交通运输部、国家卫生健康委员会令第15号公布，自2021年1月1日起施行）

适用范围：共计列入46大类、467小类危险废物，附录部分豁免的危险废物共计达到32个种类。具有下列情形之一的固体废物（包括液态废物），列入本名录：①具有毒性、腐蚀性、易燃性、反应性或者感染性一种或者几种危险特性的；②不排除具有危险特性，可能对生态环境或者人体健康造成有害影响，需要按照危险废物进行管理的。

（2）《最高人民法院、最高人民检察院关于办理环境污染刑事案件适用法律若干问题的解释》（法释〔2023〕7号），2023年3月27日最高人民法院审判委员会第1882次会议、2023年7月27日最高人民检察院第十四届检察委员会第十次会议通过，自2023年8月15日起施行。

适用范围：为依法惩治环境污染犯罪，根据《中华人民共和国刑法》《中华人民共和国刑事诉讼法》《中华人民共和国环境保护法》等法律的有关规定，就办理此类刑事案件适用法律的若干问题进行解释。

（3）《国务院办公厅关于印发强化危险废物监管和利用处置能力改革实施方案的通知》（国办函〔2021〕47号，2021年5月）

适用范围：提升危险废物监管和利用处置能力，有效防控危险废物环境与安全风险。

（4）《生态环境部关于提升危险废物环境监管能力、利用处置能力和环境风险防范能力的指导意见》（环固体〔2019〕92号，2019年10月）

适用范围：本指导意见的目为切实提升危险废物环境监管能力、利用处置能力和环境风险防范能力。

（5）《"十四五"全国危险废物规范化环境管理评估工作方案》（环办固体〔2021〕20号，2021年9月）

适用范围：指导推进各级地方生态环境主管部门和相关单位强化危险废物规范化环境管理。

（6）《危险废物排除管理清单（2021年版）》（生态环境部公告　2021年第66号，2021年12月）

适用范围：符合《危险废物排除管理清单》要求的固体废物不属于危险废物。清单根据实际情况实行动态调整。

（7）《危险废物污染防治技术政策》（环发〔2001〕199号，2001年12月）

适用范围：适用于危险废物的产生、收集、运输、分类、检测、包装、综合利用、贮存和处理处置等全过程污染防治的技术选择，并指导相应设施的规划、立项、选址、设计、施工、运营和管理，引导相关产业的发展。

（8）《福建省"十四五"危险废物污染防治规划》（闽环保固体〔2021〕24号，2021年11月）

适用范围：推进福建省"十四五"时期危险废物污染环境防治工作。

（9）《福建省强化危险废物监管和利用处置能力改革行动方案》（闽环发〔2021〕11号，2021年11月）

适用范围：适用于福建省内提升危险废物监管和利用处置能力。

（10）《涉危险废物类污染环境犯罪案件办案指南》（闽环保总队〔2021〕7号，2021年7月）

适用范围：指导涉危险废物污染环境犯罪案件办理。

（11）《福建省危险废物规范化环境管理工作指南》（2021年3月）

适用范围：为基层生态环境部门以及危险废物产生单位、利用处置单位、第三方环境治理技术人员开展危险废物环境管理提供参考，持续提升危险废物规范化环境管理水平。

第二节　危险废物全过程管理法规政策

一、产生相关法规政策

（1）《环境监管重点单位名录管理办法》（2022年11月28日生态环境部令第27号公布，自2023年1月1日起施行）

适用范围：明确了水环境、地下水污染防治、大气环境、噪声、重点排污单位和重点监管土壤污染的认定条件，以及可以列为环境风险重点管控单位的认定条件等内容。

（2）《建设项目危险废物环境影响评价指南》（原环境保护部公告　2017年第43号，自2017年10月1日起施行）

适用范围：规定了产生危险废物建设项目环境影响评价的原则、内容和技术要求。不适用于危险废物经营单位从事的各类别危险废物收集、贮存、处置经营活动的环境影响评价。

（3）《排污许可证申请与核发技术规范　工业固体废物和危险废物治理》（HJ 1033，2019年8月）

适用范围：适用于指导工业固体废物和危险废物治理排污单位在全国排污许可证管理信息平台填报相关申请信息，适用于指导核发机关审核确定工业固体废物和危险废物治理排污单位排污许可证许可要求，适用于工业固体废物和危险废物治理排污单位排放的大气污染物、水污染物以及产生的固体废物的排污许可管理。不适用于从工业固体废物和危险废物中提炼金属的排污单位。

（4）《排污许可证申请与核发技术规范　工业固体废物（试行）》（HJ 1200，2022年1月）

适用范围：规定了产生工业固体废物的排污单位工业固体废物相关基本情况填报要求、污染防控技术要求、环境管理台账及排污许可证执行报告编制要求、合规判定方法等。

适用于指导产生工业固体废物的排污单位填报工业固体废物相关申请信息，适用于指导审批部门审核确定排污单位工业固体废物相关许可要求，适用于产生工业固体废物且应申领排污许可证的排污单位。

（5）《危险废物管理计划和管理台账制定技术导则》（HJ 1259，2022 年 10 月）

适用范围：规定了产生危险废物的单位制定危险废物管理计划和管理台账、申报危险废物有关资料的总体要求，危险废物管理计划制定要求，危险废物管理台账制定要求和危险废物申报要求。

适用于指导产生危险废物的单位制定危险废物管理计划和管理台账，并通过全国危险废物信息管理系统（含省级自建系统）向所在地生态环境主管部门申报危险废物的种类、产生量、流向、贮存、利用、处置等有关资料。小微企业危险废物收集单位可参照《危险废物管理计划和管理台账制定技术导则》，提供危险废物管理计划和管理台账制定、危险废物申报等服务。

（6）《固体废物鉴别标准　通则》（GB 34330，2017 年 10 月）

适用范围：规定了依据产生来源的固体废物鉴别准则、在利用和处置过程中的固体废物鉴别准则、不作为固体废物管理的物质、不作为液态废物管理的物质以及监督管理要求，适用于物质（或材料）和物品（包括产品、商品）（以下简称物质）的固体废物鉴别。

适用于液态废物的鉴别。不适用于放射性废物的鉴别，不适用于固体废物的分类，不适用于有专用固体废物鉴别标准的物质的固体废物鉴别。

（7）《危险废物鉴别标准　通则》（GB 5085.7，2020 年 1 月）

适用范围：规定了危险废物的鉴别程序和鉴别规则，适用于生产、生活和其他活动中产生的固体废物（包括液态废物）的危险特性鉴别；不适用于放射性废物鉴别。

（8）《危险废物鉴别技术规范》（HJ 298，2020 年 1 月）

适用范围：规定了固体废物的危险特性鉴别中样品的采集和检测，以及检测结果判断等过程的技术要求，适用于生产、生活和其他活动中产生的固体废物（包括液态废物）的危险特性鉴别，包括环境事件涉及的固体废物的危险特性鉴别。不适用于放射性废物鉴别。

（9）《危险废物鉴别标准　腐蚀性鉴别》（GB 5085.1，2007 年 10 月）

适用范围：规定了腐蚀性危险废物的鉴别标准，适用于任何生产、生活和其他活动中产生的固体废物的腐蚀性鉴别。

（10）《危险废物鉴别标准　急性毒性初筛》（GB 5085.2，2007 年 10 月）

适用范围：规定了急性毒性危险废物的初筛标准，适用于任何生产、生活和其他活动中产生的固体废物的急性毒性鉴别。

（11）《危险废物鉴别标准　浸出毒性鉴别》（GB 5085.3，2007 年 10 月）

适用范围：规定了以浸出毒性为特征的危险废物鉴别标准，适用于任何生产、生活和其他活动中产生固体废物的浸出毒性鉴别。

（12）《危险废物鉴别标准　易燃性鉴别》（GB 5085.4，2007 年 10 月）

适用范围：规定了易燃性危险废物的鉴别标准，适用于任何生产、生活和其他活动中产生的固体废物的易燃性鉴别。

（13）《危险废物鉴别标准　反应性鉴别》（GB 5085.5，2007 年 10 月）

适用范围：规定了反应性危险废物的鉴别标准，适用于任何生产、生活和其他活动中产生的固体废物的反应性鉴别。

（14）《危险废物鉴别标准　毒性物质含量鉴别》（GB 5085.6，2007 年 10 月）

适用范围：规定了含有毒性、致癌性、致突变性和生殖毒性物质的危险废物鉴别标准，适用于任何生产、生活和其他活动中产生的固体废物的毒性物质含量鉴别。

（15）《关于加强危险废物鉴别工作的通知》（环办固体函〔2021〕419 号，2021 年 9 月）

适用范围：明确了应开展危险废物鉴别的情形、危险废物鉴别流程、鉴别结果应用、鉴别单位管理要求、鉴别报告编制要求等内容，加强危险废物鉴别环境管理，规范危险废物鉴别单位管理。

（16）生态环境部办公厅《关于国家危险废物鉴别专家委员会章程（试行）》的通知（环办固体函〔2021〕506 号，2021 年 11 月）

适用范围：规范国家危险废物鉴别专家委员会工作。

（17）《福建省生态环境厅关于成立第一届福建省危险废物鉴别专家委员会的通知》（闽环保固体〔2022〕10 号，2022 年 4 月）

适用范围：规范福建省危险废物鉴别专家委员会工作。

二、收集相关法规政策

（1）《铅蓄电池生产企业集中收集和跨区域转运制度试点工作方案》（环办固体〔2019〕5 号，2019 年 1 月）

适用范围：明确了开展废铅蓄电池集中收集和跨区域转运制度试点，推动铅蓄电池生产企业落实生产者责任延伸制度，建立规范有序的废铅蓄电池收集处理体系。

（2）《关于继续开展铅蓄电池生产企业集中收集和跨区域转运制度试点工作的通知》（环办固体函〔2020〕726 号，2020 年 12 月）

适用范围：相关要求与《铅蓄电池生产企业集中收集和跨区域转运制度试点工作方案》一致，试点时间延长至 2022 年 12 月 31 日。

（3）《关于开展小微企业危险废物收集试点的通知》（环办固体函〔2022〕66 号，2022 年 2 月）

适用范围：明确了开展小微企业危险废物收集试点的有关要求。

（4）《关于铅蓄电池生产企业集中收集和跨区域转运制度试点工作有关事宜的复函》（环办固体函〔2022〕499号，2022年12月）

适用范围：可按照《关于开展小微企业危险废物收集试点的通知》的有关要求，结合小微企业危险废物收集试点统筹推进废铅蓄电池收集的相关工作。

（5）《新能源汽车动力蓄电池回收服务网点建设和运营指南》（工业和信息化部公告2019年第46号，2019年10月）

适用范围：提出了新能源汽车废旧动力蓄电池以及报废的梯次利用电池回收服务网点建设、作业以及安全环保要求。

（6）《危险废物收集　贮存　运输技术规范》（HJ 2025，2013年3月）

适用范围：规定了危险废物收集、贮存、运输过程所应遵守的技术要求，适用于危险废物产生单位及经营单位的危险废物的收集、贮存和运输活动。

（7）《福建省废铅蓄电池集中收集和跨区域转运制度试点工作实施方案》（闽环保固体〔2019〕4号，2019年6月）

适用范围：在福建省范围内开展废铅蓄电池集中收集和跨区域转运制度试点工作。自方案印发之日起，至2020年12月31日结束。

（8）《福建省生态环境厅、福建省交通运输厅关于继续开展铅蓄电池生产企业集中收集和跨区域转运制度试点工作的通知》（闽环保固体〔2021〕2号，2021年1月）

适用范围：在福建省范围内开展废铅蓄电池集中收集和跨区域转运制度试点工作。试点时间延长至2022年12月31日。

（9）《福建省生态环境厅关于继续开展废铅蓄电池集中收集和跨区域转运制度试点工作的通知》（闽环保固体〔2023〕1号，2023年1月）

适用范围：在福建省继续开展废铅蓄电池集中收集和跨区域转运制度试点工作，试点时间延长至2024年12月31日，期间如国家出台相关政策，按国家新政策执行。

（10）《福建省生态环境厅关于开展小微企业危险废物收集试点的通知》（闽环保固体〔2022〕4号，2022年3月）

适用范围：在小微企业集中的专业园区并且产业相对集中的县（市、区）开展小微企业危险废物收集试点工作。

（11）《福建省农业农村厅办公室关于印发福建省农药包装废弃物回收与处置试点工作方案的通知》①（闽农厅办〔2018〕22号，2018年11月）

适用范围：在福安、仙游、晋江、上杭、长汀、宁化、大田、建宁8个省级农业可持续发展示范县（市）开展农药包装废弃物回收与处置工作试点，每个试点县（市）确定2个试点乡镇，全面回收。

---

① 该文件已废止。

三、贮存相关法规政策

（1）《危险废物贮存污染控制标准》（GB 18597，2023 年 7 月）

适用范围：规定了危险废物贮存污染控制的总体要求、贮存设施选址和污染控制要求、容器和包装物污染控制要求、贮存过程污染控制要求，以及污染物排放、环境监测、环境应急、实施与监督等环境管理要求。

适用于产生、收集、贮存、利用、处置危险废物的单位新建、改建、扩建的危险废物贮存设施选址、建设和运行的污染控制和环境管理，也适用于现有危险废物贮存设施运行过程的污染控制和环境管理。不适用历史堆存危险废物清理过程中的暂时堆放。国家其他固体废物污染控制标准中针对特定危险废物贮存另有规定的，执行相关规定。

（2）《危险废物识别标志设置技术规范》（HJ 1276，2023 年 7 月）

适用范围：规定了产生、收集、贮存、利用、处置危险废物单位需设置的危险废物识别标志的分类、内容要求、设置要求和制作方法。

适用于危险废物的容器和包装物，以及收集、贮存、利用、处置危险废物的设施、场所使用的环境保护识别标志的设置。

危险废物运输过程中识别标志设置还应遵守国家有关危险货物运输管理的规定。医疗废物的识别标志设置按照《医疗废物专用包装袋、容器和警示标志标准》（HJ 421）中的规定执行。

（3）《环境保护图形标志——固体废物贮存（处置）场》（GB 15562.2，1996 年 7 月）

适用范围：规定了一般固体废物和危险废物贮存、处置场环境保护图形标志及其功能。适用于环境保护行政主管部门对固体废物的监督管理。

（4）关于发布国家固体废物污染控制标准《环境保护图形标志——固体废物贮存（处置）场》（GB 15562.2）修改单的公告（生态环境部公告 2023 年 第 5 号，自 2023 年 7 月 1 日起实施）

适用范围：将"4 固体废物贮存、处置场图形标志"表 1 中表示危险废物贮存、处置场的警告图形符号进行了修改。依据有关法律规定，修改单具有强制执行效力。

四、转移运输相关法规政策

（1）《危险废物出口核准管理办法》（2008 年 1 月 25 日国家环境保护总局令 第 47 号公布，自 2008 年 3 月 1 日起施行。根据 2019 年 8 月 22 日生态环境部令第 7 号《生态环境部关于废止、修改部分规章的决定》修正）

适用范围：产生、收集、贮存、处置、利用危险废物的单位，向中华人民共和国境外《控制危险废物越境转移及其处置巴塞尔公约》缔约方出口危险废物，必须取得危险废物出口核准。

（2）《危险废物转移管理办法》（2021年11月30日生态环境部、公安部、交通运输部令第23号公布，自2022年1月1日起施行）

适用范围：适用于在中华人民共和国境内转移危险废物及其监督管理活动。转移符合豁免要求的危险废物，按照国家相关规定实行豁免管理。不适用于在海洋转移危险废物。

（3）《道路危险货物运输管理规定》（2013年1月23日交通运输部令第2号发布，根据2016年4月11日《交通运输部关于修改〈道路危险货物运输管理规定〉的决定》第一次修正，根据2019年11月28日《交通运输部关于修改〈道路危险货物运输管理规定〉的决定》第二次修正，根据2023年11月10日《交通运输部关于修改〈道路危险货物运输管理规定的决定〉》第三次修正，发布之日起施行）

适用范围：从事道路危险货物运输活动，应当遵守《道路危险货物运输管理规定》。军事危险货物运输除外。

（4）《铁路危险货物运输安全监督管理规定》（2022年9月26日交通运输部令2022年第24号公布，自2022年12月1日起施行）

适用范围：适用于铁路运输企业危险货物运输安全管理。军事运输危险货物依照国家有关规定办理。

所称危险货物，是指列入铁路危险货物品名表，具有爆炸、易燃、毒害、感染、腐蚀、放射性等危险特性，在铁路运输过程中，容易造成人身伤亡、财产损毁或者环境污染而需要特别防护的物质和物品。

未列入铁路危险货物品名表，依据有关法律、行政法规、规章或者《危险货物分类和品名编号》（GB 6944）等标准确定为危险货物的，按照《铁路危险货物运输安全监督管理规定》办理运输。

（5）《船舶载运危险货物安全监督管理规定》（2018年7月31日交通运输部令2018年第11号公布，自2018年9月15日起施行）

适用范围：适用于船舶在中华人民共和国管辖水域载运危险货物的活动。

（6）《关于加强工业危险废物转移管理的通知》（环办〔2006〕34号，2006年3月）

适用范围：指导地方各级环保部门加强工业危险废物转移的环境管理。

（7）《关于印发危险废物转移联单和危险废物跨省转移申请表样式的通知》（环办固体函〔2021〕577号，2021年12月）

适用范围：明确了危险废物转移联单和危险废物跨省转移申请表的样式。

（8）《道路运输危险货物车辆标志》（GB 13392，2025年4月起实施）

适用范围：规定了道路运输危险货物车辆标志的分类、外观与尺寸、技术要求、试验方法、检验规则，标识、包装和运输，以及产品装用要求和使用中的维护要求。适用于道路运输危险货物车辆标志的生产、使用、管理，不适用于道路运输放射性物品车辆标志。

（9）《危险货物运输包装通用技术条件》（GB 12463，2010 年 5 月）

适用范围：规定了危险货物运输包装的分类、基本要求、性能试验和检验方法、技术要求、类型和标记代号。适用于盛装危险货物的运输包装。不适用于盛装放射性物质的运输包装；盛装压缩气体和液化气体的压力容器的运输包装；净质量超过 400 kg 的运输包装；容积超过 450 L 的运输包装。

（10）《危险货物道路运输规则》（JT/T 617，2018 年 12 月）

适用范围：规定了危险货物的范围及运输条件、运输条件豁免、国际多式联运相关要求、人员培训要求、各参与方的安全要求以及安保防范要求。适用于危险货物道路运输。

五、利用处置相关法规政策

（一）综合性法规政策

（1）《危险废物经营单位审查和许可指南》（环境保护部公告 2009 年第 65 号，2009 年 12 月发布。2016 年 10 月 22 日经环境保护部公告 2016 年第 65 号第一次修订，2019 年 6 月 13 日生态环境部公告 2019 年第 22 号第二次修订）

适用范围：适用于生态环境主管部门对申请领取危险废物经营许可证单位的审查和许可工作。

（2）《废铅蓄电池危险废物经营单位审查和许可指南（试行）》（生态环境部公告 2020 年第 30 号，2020 年 5 月）

适用范围：适用于生态环境主管部门对从事废铅蓄电池收集、贮存、利用、处置经营活动的单位申请危险废物经营许可证（包括首次申请、重新申请和换证申请）的审查。

（3）《废氯化汞触媒危险废物经营许可证审查指南》（环境保护部公告 2014 年第 11 号，2014 年 2 月）

适用范围：适用于环境保护行政主管部门对从废氯化汞触媒利用单位申请危险废物经营许可证（包括首次申请、重新申请和换证申请）的审查。

（4）《废烟气脱硝催化剂危险废物经营许可证审查指南》（环境保护部公告 2014 年第 54 号，2014 年 8 月）

适用范围：适用于环境保护行政主管部门对专业从事废烟气脱硝催化剂（钒钛系）

再生、利用单位申请危险废物经营许可证的审查。燃煤电厂、水泥厂、钢铁厂等企业自行再生和利用废烟气脱硝催化剂（钒钛系）的建设项目环境保护竣工验收可参考执行。

（5）《砷渣稳定化处置工程技术规范》（HJ 1090，2020 年 1 月）

适用范围：规定了砷渣稳定化处置工程的总体要求、工艺设计、主要工艺设备和材料、检测与过程控制、主要辅助工程、劳动安全与职业卫生、施工与验收、运行与维护等要求。适用于有色金属冶炼过程产生的不具备经济回收价值且属于危险废物的最终进入柔性填埋场含砷固体废物稳定化处置工程，可作为有色金属冶炼建设项目环境影响评价、可行性研究及砷渣稳定化处置工程设计施工、竣工验收、建成后运行与管理的技术依据。

（6）《固体废物玻璃化处理产物技术要求》（GB/T 41015，2022 年 7 月）

适用范围：规定了固体废物玻璃化处理产物的技术要求、管理要求、试验方法、检验规则及包装、运输与贮存。适用于固体废物进行玻璃化处理后产物玻璃态的判定，以及玻璃化处理产物的环境安全和质量管理。不适用于放射性固体废物的处理。

（7）《国家先进污染防治技术目录（固体废物和土壤污染防治领域）》（环办科财函〔2024〕27 号，2024 年 1 月）

适用范围：生态环境部组织征集并筛选了一批固体废物和土壤领域污染防治先进技术，编制形成该目录。

（8）《重点危险废物集中处置设施、场所退役费用预提和管理办法》（财资环〔2021〕92 号，2022 年 1 月）

适用范围：主要适用于中华人民共和国境内危险废物填埋场退役费用的预提、使用和管理工作。其他危险废物集中处置设施、场所可以由各省（自治区、直辖市、计划单列市）财政部门、价格主管部门、生态环境主管部门根据本地区实际情况制定退役费用预提、使用和管理规定。

（9）《福建省生态环境厅关于试点下放年处置 1 万吨以下危险废物经营许可证审批权限的通知》（闽环保防〔2015〕55 号，2015 年 11 月）

适用范围：试点下放年焚烧和填埋处置 1 万吨以下的危险废物经营（处置类）许可证审批权限工作。下放审批权的试点范围定为福州、厦门 2 市，时间从 2015 年 11 月10 日开始。

（10）《福建省生态环境厅关于下放危险废物经营许可证核发部分权限的通知》（闽环保土〔2017〕20 号，2017 年 6 月）

适用范围：将 8 大类、84 小类危险废物的收集、贮存、焚烧（年焚烧 1 万吨以下）、填埋许可证核发权限下放至各设区市及平潭综合实验区环境保护行政主管部门。

（11）《福建省生态环境厅关于进一步做好部分种类危险废物许可证委托核发工作的通知》（闽环保固体〔2020〕22号，2020年9月）

适用范围：继续委托各设区市及平潭综合实验区生态环境行政主管部门核发《福建省环保厅关于做好部分种类危险废物经营许可证委托核发工作的通知》（闽环保土〔2017〕43号）文件明确的HW08等8大类、84小类危险废物的利用许可证。

（二）利用相关法规政策

（1）《关于完善资源综合利用增值税政策的公告》（财政部 税务总局公告2021年第40号，2022年3月）

适用范围：从事再生资源回收的增值税一般纳税人。

（2）《固体废物再生利用污染防治技术导则》（HJ 1091，2020年1月）

适用范围：规定了固体废物再生利用工程的选址、建设、运行过程的总体要求，再生利用过程的污染防治技术要求和监测要求。适用于现有、新建、改建、扩建的固体废物再生利用工程，可作为固体废物再生利用建设项目环境影响评价、设计、施工、验收及建成后运行与管理的技术依据。有特定固体废物再生利用专用标准的，执行专用标准。

（3）《废矿物油回收利用污染控制技术规范》（HJ 607，2011年7月）

适用范围：规定了废矿物油收集、贮存、运输、利用和处置过程中的污染控制技术及环境管理要求。适用于废矿物油收集、贮存、运输、利用和处置过程的污染控制，可用于指导废矿物油经营单位建厂选址、工程建设以及建成后工程运营的污染控制工作。

（三）处置相关法规政策

1. 焚烧处置

（1）《危险废物焚烧污染控制标准》（GB 18484，2021年7月）

适用范围：规定了危险废物焚烧设施的选址、运行、监测和废物贮存、配伍及焚烧处置过程的生态环境保护要求，以及实施与监督等内容。

适用于现有危险废物焚烧设施（不包含专用多氯联苯废物和医疗废物焚烧设施）的污染控制和环境管理，以及新建危险废物焚烧设施建设项目的环境影响评价、危险废物焚烧设施的设计与施工、竣工验收、排污许可管理及建成后运行过程中的污染控制和环境管理。

已发布专项国家污染控制标准或者环境保护标准的专用危险废物焚烧设施执行其专项标准。

危险废物熔融、热解、气化等高温热处理设施的污染物排放限值，若无专项国家污染控制标准或者环境保护标准的，可参照《危险废物焚烧污染控制标准》执行。

不适用于利用锅炉和工业炉窑协同处置危险废物。

（2）《危险废物处置工程技术导则》（HJ 2042，2014 年 9 月）

适用范围：规定了危险废物处置工程设计、施工、验收和运行中的通用技术和管理要求。

适用于危险废物集中处置工程的新建、改建和扩建工程及企业自建的危险废物处置工程，可宏观指导危险废物处置工程可行性研究、环境影响评价、工程设计、工程施工、工程验收及设施运行管理等行为。

对于已有专项工程技术规范的危险废物处置工程，还应同时执行专项技术规范。医疗废物作为一类特殊的危险废物，其管理技术要求参照医疗废物相关标准。

（3）《危险废物集中焚烧处置工程建设技术规范》（HJ/T 176，2005 年 5 月）

适用范围：适用于以焚烧方法集中处置危险废物的新建、改建和扩建工程及企业自建的危险废物焚烧处置工程。

特殊危险废物（多氯联苯、爆炸性、放射性废物等）专用焚烧处置工程可参照《危险废物集中焚烧处置工程建设技术规范》的有关规定。

对于统筹考虑焚烧危险废物和医疗废物的焚烧处置工程，应同时满足《危险废物集中焚烧处置工程建设技术规范》和《医疗废物集中焚烧处置工程建设技术规范》的有关规定，相对应指标技术要求不同的，按从严的要求执行。

（4）《危险废物集中焚烧处置设施运行监督管理技术规范（试行）》（HJ 515，2010 年 3 月）

适用范围：规定了危险废物集中焚烧处置设施运行的监督管理程序、要求、内容及监督管理方法等。

适用于对经营性危险废物集中焚烧处置设施运行的监督管理，其他危险废物焚烧处置设施运行期间的监督管理可参照执行。

（5）《危险废物（含医疗废物）焚烧处置设施性能测试技术规范》（HJ 561，2010 年 6 月）

适用范围：规定了危险废物（含医疗废物）焚烧处置设施性能测试所涉及的测试内容、程序及技术要求。

适用于危险废物（含医疗废物）焚烧处置设施的性能测试。

不适用于水泥窑共处置危险废物设施的性能测试。

（6）《水泥窑协同处置固体废物污染控制标准》（GB 30485，2014 年 3 月）

适用范围：规定了协同处置固体废物水泥窑的设施技术要求、入窑废物特性要求、运行操作要求、污染物排放限值、生产的水泥产品污染物控制要求、监测和监督管理要求。

适用于利用水泥窑协同处置危险废物、生活垃圾（包括废塑料、废橡胶、废纸、废轮胎等）、城市和工业污水处理污泥、动植物加工废物、受污染土壤、应急事件废物等固体废物过程的污染控制和监督管理。当水泥窑协同处置生活垃圾时，若掺加生活垃圾的质量超过入窑（炉）物料总质量的30%，应执行《生活垃圾焚烧污染控制标准》。

（7）《水泥窑协同处置固体废物环境保护技术规范》（HJ 662，2014 年 3 月）

适用范围：规定了利用水泥窑协同处置固体废物的设施选择、设备建设和改造、操作运行以及污染控制等方面的环境保护技术要求。

适用于危险废物、生活垃圾（包括废塑料、废橡胶、废纸、废轮胎等）、城市和工业污水处理污泥、动植物加工废物、受污染土壤、应急事件废物等固体废物在水泥窑中的协同处置。

利用粉煤灰、钢渣、硫酸渣、高炉矿渣、煤矸石等一般工业固体废物作为替代原料（包括混合材料）、燃料生产的水泥产品参照《水泥窑协同处置固体废物环境保护技术规范》中第 7.2 节的规定执行。

（8）《水泥窑协同处置固体废物技术规范》（GB/T 30760，2015 年 4 月）

适用范围：规定了水泥窑协同处置固体废物的术语和定义、协同处置固体废物的鉴别和检测、处置工艺技术和管理要求、入窑生料和水泥熟料重金属含量限值及水泥可浸出重金属含量限值、检测方法及检测频次等。

适用于水泥窑协同处置危险废物、生活垃圾（包括废塑料、废橡胶、废纸、废轮胎等）、城市和工业污水处理污泥、动植物加工废物、受污染土壤、应急事件废物等固体废物的生产工艺过程、产品的控制及管理。液态废物（排入水体的废水除外）的处置可参照执行。

（9）《水泥窑协同处置固体废物污染防治技术政策》（环境保护部公告 2016 年第72 号，2016 年 12 月）

适用范围：包括水泥窑协同处置固体废物污染防治的源头控制、清洁生产、末端治理、二次污染防治以及鼓励研发的新技术等内容，为环境保护相关规划、污染物排放标准、环境影响评价、总量控制、排污许可等环境管理和企业污染防治工作提供指导。

（10）《水泥窑协同处置危险废物经营许可证审查指南（试行）》（环境保护部公告2017 年第 22 号，2017 年 5 月）

适用范围：适用于环境保护主管部门对水泥窑协同处置危险废物单位申请危险废物经营许可证（包括新申请、重新申请领取和换证）的审查。

（11）《排污许可证申请与核发技术规范 危险废物焚烧》（HJ 1038，2019 年 8 月）

适用范围：规定了危险废物焚烧排污单位排污许可证申请与核发的基本情况填报要求、许可排放限值确定、实际排放量核算和合规判定的方法，以及自行监测、环境管理台账与排污许可证执行报告等环境管理要求，提出了污染防治可行技术要求。

适用于指导危险废物焚烧排污单位在全国排污许可证管理信息平台填报相关申请信息，适用于指导核发机关审核确定排污单位排污许可证许可要求。适用于危险废物（含医疗废物）焚烧排污单位排放大气污染物、水污染物的排污许可管理。适用于危险废物集中焚烧处置单位。排污单位自建危险废物焚烧处置设施且其适用的主行业排污许可证申请与核发技术规范未作相关规定的，可参照执行。危险废物焚烧处置的技术界定按《危险废物处置工程技术导则》（HJ 2042）执行。本标准未做规定但排放工业废气、废水或者国家规定的有毒有害污染物的排污单位其他产污设施和排放口，参照《排污许可证申请与核发技术规范 总则》（HJ 942）执行。

（12）《生活垃圾焚烧飞灰污染控制技术规范（试行）》（HJ 1134，2020 年 8 月）

适用范围：规定了生活垃圾焚烧飞灰污染控制的总体要求，收集、贮存、运输、处理和处置过程的污染控制技术要求，以及监测和环境管理要求。

适用于生活垃圾焚烧飞灰收集、贮存、运输、处理和处置过程的污染控制，可作为与生活垃圾焚烧飞灰处理和处置有关建设项目的环境影响评价、环境保护设施设计、竣工环境保护验收、排污许可管理、清洁生产审核等的技术依据。

2. 填埋处置

（1）《危险废物填埋污染控制标准》（GB 18598，2020 年 6 月）

适用范围：规定了危险废物填埋的入场条件，填埋场的选址、设计、施工、运行、封场及监测的环境保护要求。

适用于新建危险废物填埋场的建设、运行、封场及封场后环境管理过程的污染控制。现有危险废物填埋场的入场要求、运行要求、污染物排放要求、封场及封场后环境管理要求、监测要求按照本标准执行。适用于生态环境主管部门对危险废物填埋场环境污染防治的监督管理。

不适用于放射性废物的处置及突发事故产生危险废物的临时处置。

（2）《危险废物安全填埋处置工程建设技术要求》（环发〔2004〕75 号，2004 年 4 月）

适用范围：适用于新建、扩建危险废物安全填埋处置工程。

（3）《生活垃圾填埋场污染控制标准》（GB 16889，2008 年 7 月）

适用范围：规定了生活垃圾填埋场选址、设计与施工、填埋废物的入场条件、运行、封场、后期维护与管理的污染控制和监测等方面的要求。

适用于生活垃圾填埋场建设、运行和封场后的维护与管理过程中的污染控制和监督管理。本标准的部分规定也适用于与生活垃圾填埋场配套建设的生活垃圾转运站的建设、运行。

第三节　医疗废物管理法规政策

医疗废物属于危险废物，我国医疗废物管理从早期分散于不同法律法规中的规定，到第一部关于医疗废物管理的法规——《医疗废物管理条例》的颁布，再到后来相续出台的系列医疗废物处理处置技术规范，逐步形成了较为完善的医疗废物管理制度体系。本节梳理了国家、福建省现行医疗废物管理主要的法律、法规、部门规章、标准及技术规范等，为医疗废物收运处置管理提供参考。

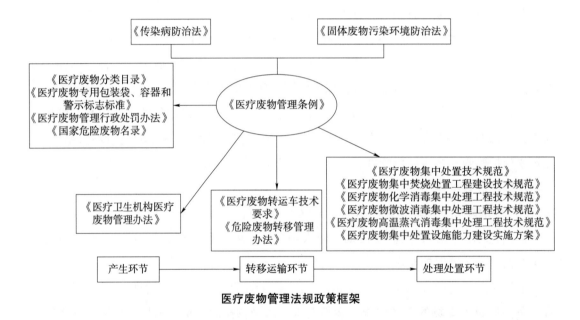

医疗废物管理法规政策框架

一、相关法律法规

（1）《中华人民共和国传染病防治法》（本法自 2004 年 12 月 1 日起施行。1989 年2 月 21 日第七届全国人民代表大会常务委员会第六次会议通过；2004 年 8 月 28 日第十届全国人民代表大会常务委员会第十一次会议修订；根据 2013 年 6 月 29 日第十二届全国人民代表大会常务委员会第三次会议《关于修改〈中华人民共和国文物保护法〉等十二部法律的决定》修正）。

适用范围：适用于甲类、乙类、丙类传染病的预防、控制和消除传染病的发生与流行，保障人体健康和公共卫生。

（2）《医疗废物管理条例》（2003 年 6 月 16 日中华人民共和国国务院令第 380 号公布，自公布之日起施行，根据 2011 年 1 月 8 日《国务院关于废止和修改部分行政法规的决定》修订）

适用范围：适用于医疗废物的收集、运送、贮存、处置以及监督管理等活动。

医疗卫生机构收治的传染病病人或者疑似传染病病人产生的生活垃圾，按照医疗废物进行管理和处置。

医疗卫生机构废弃的麻醉、精神、放射性、毒性等药品及其相关的废物的管理，依照有关法律、行政法规和国家有关规定、标准执行。计划生育技术服务、医学科研、教学、尸体检查和其他相关活动中产生的具有直接或者间接感染性、毒性以及其他危害性废物的管理，依照《医疗废物管理条例》执行。

二、相关政策标准

（一）相关规章政策

（1）《医疗卫生机构医疗废物管理办法》（2003 年 10 月 15 日中华人民共和国卫生部令第 36 号公布，自发布之日起施行）

适用范围：适用于各级各类医疗卫生机构对医疗废物的管理。

（2）《医疗废物管理行政处罚办法》（2004 年 5 月 27 日卫生部、国家环境保护总局令第 21 号发布，自 2004 年 6 月 1 日起施行。根据 2010 年 12 月 22 日《环境保护部关于废止、修改部分环保部门规章和规范性文件的决定》修正）

适用范围：适用于县级以上人民政府卫生行政主管部门和环境保护行政主管部门按照各自职责，对违反医疗废物管理规定的行为实施的行政处罚。

（3）《医疗废物分类目录（2021 年版）》（国卫医函〔2021〕238 号，2021 年 11 月）

适用范围：适用于各级各类医疗卫生机构医疗废物的分类管理。

（4）《关于明确医疗废物分类有关问题的通知》（卫办医发〔2005〕292 号，2005 年 12 月）

适用范围：针对各地在医疗废物分类中存在的理解方面的差异，进行了说明，适用于各级各类医疗卫生机构医疗废物的分类管理。

（5）《关于进一步规范医疗废物管理工作的通知》（国卫办医发〔2017〕32 号，2017 年 9 月）

适用范围：适用于各级各类医疗卫生机构、医疗废物集中处置单位进一步规范医疗废物管理。

（6）《关于印发医疗废物集中处置设施能力建设实施方案的通知》（发改环资〔2020〕696号，2020年4月）

适用范围：对医疗废物集中处置设施能力建设提出实施目标、主要任务等内容，大力推进医疗废物处置设施建设。

（7）《福建省卫生健康委员会、福建省生态环境厅关于加强小型医疗机构医疗废物安全处置管理工作的通知》（闽卫医政〔2019〕60号，2019年7月）

适用范围：适用于福建省内村卫生所和社区卫生服务站、诊所等小型医疗机构医疗废物安全处置工作。

（8）《福建省生态环境厅、福建省卫生健康委员会关于印发〈福建省医疗机构危险废物信息化监管工作实施方案〉的通知》（闽环保固体〔2020〕24号，2020年10月）

适用范围：适用于福建省内各级各类医疗卫生机构、医疗机构危险废物运输和集中处置单位。

（9）《福建省卫生计生委办公室关于重申加强使用后未被污染输液瓶（袋）管理的通知》（闽卫办医政函〔2017〕7号，2017年1月）

适用范围：适用于福建省各医疗机构加强使用后未被污染输液瓶（袋）的分类收集、分类回收以及分类利用。

（10）《福建省商务厅关于公布福建省第一批医疗机构使用后未被污染输液瓶（袋）回收企业名单的通知》（闽商务〔2021〕52号，2021年3月）

适用范围：公布了福建省第一批医疗机构使用后未被污染输液瓶（袋）回收企业名单。指导督促回收企业依法规范回收和管理、各级医疗机构落实废弃物分类和管理第一责任，加强未被污染输液瓶（袋）回收和加工环节的监督执法。

（二）相关标准规范

（1）《医疗废物转运车技术要求（试行）》（GB 19217，2003年6月）

适用范围：规定了医疗废物转运车的特殊要求，适用于对已定型的保温车、冷藏车进行适当改造，用于转运医疗废物的专用货车。

（2）《医疗废物焚烧炉技术要求（试行）》（GB 19218，2003年6月）

适用范围：适用于处理医疗废物的焚烧炉的设计、制造。

（3）《医疗废物处理处置污染控制标准》（GB 39707，2021年7月）

适用范围：规定了医疗废物处理处置设施的选址、运行、监测和废物接收、贮存及处理处置过程的生态环境保护要求，以及实施与监督等内容。适用于现有医疗废物处理处置设施的污染控制和环境管理，以及新建医疗废物处理处置设施建设项目的环境影响评价、医疗废物处理处置设施的设计与施工、竣工验收、排污许可管理及建成后运行过程中的污染控制和环境管理。

不适用于协同处置医疗废物的处理处置设施。

（4）《医疗废物化学消毒集中处理工程技术规范》（HJ 228，2021 年 4 月）

适用范围：规定了医疗废物化学消毒集中处理工程的污染物与污染负荷、总体要求、工艺设计、主要工艺设备和材料、检测与过程控制、主要辅助工程、职业卫生、施工与验收、运行与维护等。

适用于医疗废物化学消毒集中处理设施新建、改建和扩建工程的设计、施工、验收及运行等全过程，可作为医疗废物化学消毒集中处理工程项目的环境影响评价、环境保护设施设计与施工、验收及建成后运行与环境管理的技术依据。

（5）《医疗废物微波消毒集中处理工程技术规范》（HJ 229，2021 年 4 月）

适用范围：规定了医疗废物微波消毒集中处理工程的污染物与污染负荷、总体要求、工艺设计、主要工艺设备和材料、检测与过程控制、主要辅助工程、职业卫生、施工与验收、运行与维护等。

适用于医疗废物微波消毒集中处理设施新建、改建和扩建工程的设计、施工、验收及运行等全过程，可作为医疗废物微波消毒处理工程项目的环境影响评价、环境保护设施设计与施工、验收及建成后运行与环境管理的技术依据。

（6）《医疗废物高温蒸汽消毒集中处理工程技术规范》（HJ 276，2021 年 4 月）

适用范围：规定了医疗废物高温蒸汽消毒集中处理工程的污染物与污染负荷、总体要求、工艺设计、主要工艺设备和材料、检测与过程控制、主要辅助工程、职业卫生、施工与验收、运行与维护等。

适用于医疗废物高温蒸汽消毒集中处理设施新建、改建和扩建工程的设计、施工、验收及运行等全过程，可作为医疗废物高温蒸汽消毒集中处理工程项目的环境影响评价、环境保护设施设计与施工、验收及建成后运行与环境管理的技术依据。

（7）《医疗废物集中焚烧处置工程技术规范》（HJ 177，2023 年 5 月）

适用范围：规定了医疗废物集中焚烧处置工程的污染物与污染负荷、总体要求、工艺设计、主要工艺设备和材料、检测与过程控制、主要辅助工程、施工与验收、运行与维护管理等技术要求。

适用于医疗废物集中焚烧处置工程，可作为医疗废物集中焚烧处置工程建设项目环境保护设施设计与施工、验收及建成后运行与管理的参考依据。

不适用于协同处置医疗废物的焚烧处置工程以及不发生燃烧反应的医疗废物热裂解工程。

（8）《医疗废物专用包装袋、容器和警示标志标准》（HJ 421，2008 年 4 月）

适用范围：规定了医疗废物专用包装袋、利器盒和周转箱（桶）的技术要求以及相应的试验方法和检验规则，并规定了医疗废物警示标志。

适用于医疗废物专用包装袋、容器的生产厂家、运输单位和医疗废物处置单位。

（9）《医疗废物集中焚烧处置设施运行监督管理技术规范（试行）》（HJ 516，2010 年3 月）

适用范围：规定了医疗废物集中焚烧处置设施运行的监督管理的程序、要求、内容以及监督管理方法等。适用于经营性医疗废物集中焚烧处置设施运行的监督管理，其他医疗废物焚烧处置设施运行期间的监督管理可参照执行。

（10）《医疗废物消毒处理设施运行管理技术规范》（HJ 1284，2023 年 5 月）

适用范围：规定了医疗废物集中消毒处理设施运行的总体要求、运行制度与岗位设置要求、医疗废物管理要求、设施运行技术要求、污染物监测 / 检测要求等技术要求。适用于医疗废物集中消毒处理设施的运行管理，可作为医疗废物消毒处理设施运行管理的参考依据。

（11）《医疗废物集中处置技术规范（试行）》（环发〔2003〕206 号，2003 年 12 月）

适用范围：规定了医疗废物集中处置过程的暂时贮存、运送、处置的技术要求，规定了相关人员的培训与安全防护要求、突发事故的预防和应急措施、重大疫情期间医疗废物管理的特殊要求。

对于医疗废物集中处置，执行该规范的"焚烧炉温度"和"停留时间"指标；对于医疗废物分散处理，执行《危险废物焚烧污染控制标准》（GB 18484）表 2 中"医院临床废物"的"焚烧炉温度"和"烟气停留时间"指标；对于同时处置医疗废物和危险废物的，执行《危险废物焚烧污染控制标准》（GB 18484）表 2 中"危险废物"的"焚烧炉温度"和"烟气停留时间"指标。本规范未规定的其他要求按《危险废物焚烧污染控制标准》执行。

医疗卫生机构废弃的麻醉、精神、放射性、毒性药品及其相关废物的暂时贮存、运送不适用《医疗废物集中处置技术规范（试行）》，应遵守国家有关规定。

废弃放射源的污染控制按有关放射性污染防治规定执行。

【本章作者：杨强威、张继享、杨　净、赵　鹭、郑　洋、周　强、黄镜钊】

第四章

危险废物的全过程规范化环境管理

本章介绍了危险废物规范化的管理历程、指标体系，产生单位全过程规范化管理、经营许可证管理，并按收集、利用、处置等类型详细介绍规范化管理的具体内容。

第一节　概述

危险废物规范化环境管理是落实危险废物产生、收集、贮存、运输、利用、处置等全过程管理的有效措施，有助于推动企业落实危险废物污染环境防治的主体责任，有助于推动各级地方政府和相关部门落实危险废物监管职责，推动各级地方政府和相关部门联动，形成监管合力，成为强化危险废物监管、利用处置能力和防范环境风险的重要抓手，有效防范和化解环境风险，保障生态环境安全。

一、发展历程

自 2011 年起，环境保护部在保持规范化环境管理框架结构延续性的基础上，本着优化延续、因地制宜、问题导向、突出重点和便于操作的原则，持续开展危险废物规范化环境管理工作，先后印发了"十二五""十三五"和"十四五"期间的全国危险废物规范化环境管理工作方案和危险废物规范化环境管理指标体系。

二、"十四五"工作方案

（一）编制原则

遵循 3 个原则：一是依法依规，全面系统，提出危险废物产生、收集、贮存、运输、利用、处置等全过程规范化环境管理要求；二是问题导向，突出重点，聚焦危险废物规范化环境管理中发现的问题，修改完善指标，提升实用性；三是优化延续，因地制宜，为便于操作使用，延续框架结构，同时各地在满足工作方案要求的基础上，可根据自身实际情况，提出适用可行的管理要求。

（二）总体框架

由正文《"十四五"全国危险废物规范化环境管理评估工作方案》、附件 1《危险废物规范化环境管理评估指标（生态环境主管部门、工业危险废物产生单位和危险废物经营单位）》、附件 2《被抽查单位评估情况记录表》和附件 3《危险废物规范化环境管理评估年度工作总结要求》组成。

（三）评估方式

分为两种方式，一种是国家评估，生态环境部每年按照《危险废物规范化环境管理评估指标》，抽查部分省（区、市）的危险废物规范化环境管理情况。另一种是地方评估，省级生态环境部门对市级生态环境部门的自查，进行自评打分，并总结上一年度危险废物规范化环境管理评估情况，制定本年度评估工作方案，报送生态环境部。

三、评估指标

评估指标分为产生单位评估指标和经营单位评估指标，产生单位有 12 个评估项目和 24 个评估主要内容；经营单位有 13 个评估项目和 29 个评估主要内容。

（一）产生单位评估项目

（1）污染环境防治责任制度：产生工业固体废物的单位应当建立、健全工业固体废物产生、收集、贮存、利用、处置全过程的污染环境防治责任制度，采取防治工业固体废物污染环境的措施。

（2）标识制度：危险废物的容器和包装物应当按照规定设置危险废物识别标志；收集、贮存、利用、处置危险废物的设施、场所，应当按照规定设置危险废物识别标志。

（3）管理计划制度：危险废物管理计划包括减少危险废物产生量和降低危险废物危害性的措施，以及危险废物贮存、利用、处置措施；报产生危险废物的单位所在地生态环境主管部门备案。

（4）排污许可制度：产生工业固体废物的单位应当依法取得排污许可证，许可证中按照技术规范对工业固体废物提出明确的环境管理要求，对工业固体废物的贮存、自行利用处置和委托外单位利用处置符合许可证要求，按要求及时提交台账记录和执行报告。

（5）台账和申报制度：按照国家有关规定，全面、准确地记录了危险废物产生、入库、出库、自行利用处置等各环节危险废物在企业内部流转情况，且可提供各环节台账记录表等证明材料；全面、准确地申报了危险废物的种类、产生量、流向、贮存、利用、处置情况，且可提供证明材料（如危险废物管理台账、环评文件、竣工验收文件、危险废物转移联单、危险废物利用处置合同、财务数据等）。

（6）源头分类制度：按照危险废物特性分类进行收集。

（7）转移制度：按照实际转移的危险废物，如实填写、运行危险废物转移联单；跨省、自治区、直辖市转移危险废物的，在转移危险废物前，应当向危险废物移出地省、自治区、直辖市人民政府生态环境主管部门申请并获得批准。

（8）环境应急预案备案制度：制定意外事故的防范措施和应急预案；向所在地生态环境主管部门和其他负有固体废物污染环境防治监督管理职责的部门备案。

（9）贮存设施环境管理：依法进行环境影响评价，申请取得排污许可证或已填报排污许可登记表，完成"三同时"验收；符合《危险废物贮存污染控制标准》的有关要求；设置必要的贮存分区，避免不相容的危险废物接触、混合；严禁危险废物混入非危险废物中贮存。

（10）信息发布：产生固体废物的单位，应当依法及时公开固体废物污染环境防治信息，主动接受社会监督。

（11）利用设施环境管理：依法进行环境影响评价，申请取得排污许可证或已填报排污许可登记表，完成"三同时"验收；按照有关法律和排污单位自行监测技术指南等规定，建立企业监测制度，制定监测方案，有定期环境监测报告，并且污染物排放符合相关标准要求；危险废物资源化产物符合《固体废物鉴别标准　通则》相关要求。

（12）处置设施环境管理：依法进行环境影响评价，申请取得排污许可证或已填报排污许可登记表，完成"三同时"验收；运行要求符合相关标准规范；按照有关法律和排污单位自行监测技术指南等规定，建立企业监测制度，制定监测方案，有定期环境监测报告，并且污染物排放符合相关标准要求。

（二）经营单位评估项目

（1）经营许可证制度：危险废物经营单位，要依法申请领取危险废物经营许可证，并按照危险废物经营许可证规定从事危险废物收集、贮存、利用、处置等经营活动；危险废物收集许可证持有单位，应当在规定的时限内将收集的危险废物提供或者委托给利用、处置单位进行利用或者处置。

（2）标识制度：危险废物的容器和包装物应当按照规定设置危险废物识别标志；收集、贮存、利用、处置危险废物的设施、场所，应当按照规定设置危险废物识别标志。

（3）管理计划制度：危险废物管理计划包括减少危险废物产生量和降低危险废物危害性的措施。以及危险废物贮存、利用、处置措施；报所在地生态环境行政主管部门备案。

（4）排污许可制度：依法取得排污许可证，许可证中按照技术规范对工业固体废物提出明确环境管理要求，对工业固体废物的贮存、自行利用处置和委托外单位利用处置符合许可证要求，按要求及时提交台账记录和执行报告。

（5）台账和申报制度：全面、准确地申报了危险废物的种类、产生量、流向、贮存、利用、处置情况；且可提供证明材料（如危险废物管理台账、环评文件、竣工验收文件、危险废物转移联单、危险废物利用处置合同、财务数据等）。

（6）转移制度：接收、转移危险废物的，按照危险废物转移有关规定，如实填写、运行转移联单；利用处置过程新产生危险废物转移给外单位利用或处置的，应当核实受托方的主体资格和技术能力；跨省、自治区、直辖市转移危险废物的，在转移危险废物前向移出地省级生态环境主管部门申请并得到批准。

（7）环境应急预案备案制度：按照危险废物经营单位编制环境应急预案相关标准规范要求，依法制定意外事故的环境污染防范措施和应急预案，应包含明确的管理机构及负责人，有意外事故的情形及相应的处理措施，有要求配置的应急装备及物资，内部及外部环境发生改变时，及时对应急预案进行修订；并按照预案要求每年组织应急演练，应包含详细的演练计划，演练的图片、文字或视频记录，演练后的总结材料，参加演练人员熟悉意外事故的环境污染防范措施；环境应急预案应向所在地生态环境主管部门和其他负有固体废物污染环境防治监督管理职责的部门备案。

（8）贮存设施环境管理：依法进行环境影响评价，完成"三同时"验收；按照《危险废物贮存污染控制标准》要求贮存危险废物；危险废物贮存不超过1年；超过1年的报经颁发许可证的生态环境主管部门批准。

（9）利用处置设施环境管理：依法进行环境影响评价，完成"三同时"验收；利用处置危险废物过程符合国家和地方相关标准规范（如《危险废物焚烧污染控制标准》《危险废物填埋污染控制标准》《水泥窑协同处置固体废物污染控制标准》等）；按照有关法律和排污单位自行监测技术指南等规定，建立企业监测制度，制定监测方案，监测点位、指标及频次符合要求，有定期环境监测报告，并且污染物排放符合相关标准要求；重点危险废物集中处置设施、场所退役前，运营单位应当按照国家有关规定对设施、场所采取污染防治措施；危险废物资源化利用过程符合环境保护要求。

（10）运行环境管理要求：在入厂时对所接收的性质不明确的危险废物进行危险特性分析，提供分析报告；在利用处置前对危险废物的相关参数进行分析并记录结果；定期对利用处置设施、监测设备和运行设备进行检查和维护，且运行正常；定期对环境监测和分析仪器进行校正和维护，且检测精准。

（11）记录和报告经营情况制度：按照相关标准规范要求，建立危险废物管理台账，如实记载收集、贮存、利用、处置危险废物的类别、来源去向和有无事故等事项；通过信息管理系统如实申报危险废物收集、贮存、利用、处置活动情况；危险废物管理台账需保存10年以上，以填埋方式处置危险废物的管理台账应当永久保存。

（12）信息发布：收集、利用、处置固体废物的单位，应当依法及时公开固体废物污染环境防治信息，主动接受社会监督。

第二节　危险废物产生单位的规范化管理

一、概述

产生单位主要负责人（法定代表人、实际控制人）是危险废物污染环境防治和安全生产第一责任人，应当建立健全危险废物产生、收集、贮存、运输、利用、处置全过程的污染环境防治责任制度，严格落实危险废物污染环境防治各项法律制度和相关标准规范，依法采取防治危险废物污染环境的措施，依法及时公开危险废物污染环境防治信息，依法依规投保环境污染责任保险。

二、主体责任

产生者履行危险废物污染环境防治责任的具体方式多样。产生者可以自行贮存、利用和处置直接承担责任，也可以通过委托他人贮存、利用和处置间接履行义务。产生者委托他人贮存、利用和处置其所产生的危险废物，并不意味着产生者的危险废物污染防治义务和责任转移、改变或减少、消灭。产生者应对拟接受委托者的资格、能力和设备等进行调查，核实拟接受委托者的处置设施是否具备贮存、利用和处置拟接收危险废物的种类、数量的条件，查明其处置水平、实际操作能力和管理水平，以及是否拥有法定的许可证等。产生者应主动查询、核实处置情况，保证危险废物贮存、利用和处置的环境安全。

按照 HJ 1259 的规定，危险废物环境重点监管单位应采用电子地磅、电子标签、电子管理台账等技术手段对危险废物贮存过程进行信息化管理，确保数据完整、真实、准确；采用视频监控的应确保监控画面清晰，视频记录保存时间至少为 3 个月。

三、识别标志

产生、收集、贮存、运输、利用、处置危险废物的设施、场所要根据《危险废物识别标志设置技术规范》（HJ 1276）设置规范（形状、颜色、图案均正确）的危险废物识别标志。

（一）危险废物标签

盛装危险废物的容器和包装物，应以醒目的字样标注"危险废物"，要根据《危险废物识别标志设置技术规范》（HJ 1276）设置标签，由文字、编码和图形符号等组合而成，应包含废物名称、废物类别、废物代码、废物形态、危险特性、主要成分、有害成分、注意事项、产生／收集单位名称、联系人、联系方式、产生日期、废物质量和备注；宜设置危险废物数字识别码和二维码。直观地传达"全面防范生态环境风险"的信息，有利于识别和预警危险废物贮存、利用、处置过程的环境风险。

1. 内容要求

危险废物标签应以醒目的字样标注"危险废物"；危险废物标签应包含废物名称、废物类别、废物代码、废物形态、危险特性、主要成分、有害成分、注意事项、产生／收集单位名称、联系人、联系方式、产生日期、废物质量和备注。危险废物标签宜设置危险废物数字识别码和二维码。

图 4-1　危险废物标签

2. 填写要求

废物名称：列入《国家危险废物名录》中的危险废物，应参考《国家危险废物名录》中"危险废物"一栏，填写简化的废物名称或行业内通用的俗称。废物类别、废物代码：经 GB 5085（所有部分）和 HJ 298 鉴别属于危险废物的，应根据其主要有害成分和危险特性确定所属废物类别，并按代码"900-000-××"（×× 为危险废物类别代码）填写。废物形态：应填写容器或包装物内盛装危险废物的物理形态。危险特性：应根据危险废物的危险特性（包括腐蚀性、毒性、易燃性和反应性），选择对应的危险特性警示图形，印刷在标签上的相应位置，或单独打印后粘贴于标签上相应的位置；具有多种危险特性的应设置相应的全部图形。主要成分：应填写危险废物主要的化学组成或成分，可使用汉字、化学分子式、元素符号或英文缩写等。有害成分：应填写废物中对生态环境或人体健康有害的主要污染物名称，可使用汉字、化学分子式、元素符号或英文缩写等。注意事项：应根据危险废物的组成、成分和理化特性，填写收集、贮存、利用、处置时必要的注意事项。产生 / 收集单位名称、联系人和联系方式：应填写危险废物产生单位的信息，当从事收集、贮存、利用、处置危险废物经营活动的单位收集危险废物时，在满足国家危险废物相关污染控制标准等规定的条件下，容器内盛装两家及以上单位的危险废物（如废矿物油）时，应填写收集单位的信息。产生日期：应填写开始盛装危险废物时的日期，可按照年月日的格式填写。当从事收集、贮存、利用和处置危险废物经营活动的单位收集危险废物时，在符合国家危险废物相关污染控制标准等规定的条件下，容器内盛装相同种类但不同初始产生日期的危险废物（如废矿物油）时，应填写收集危险废物时的日期。废物重量：应填写完成收集后容器或包装物内危险废物的重量（kg 或 t）。数字识别码和二维码：按照《危险废物识别标志设置技术规范》（HJ 1276）第 8 条的要求进行编码，并实现"一物一码"；危险废物标签二维码的编码数据结构中应包含数字识别码的内容，信息服务系统所含信息宜包含标签中设置的信息。从事收集、贮存、利用、处置危险废物经营活动的单位可利用电子标签等物联网技术对危险废物进行信息化管理。

3. 设置要求

危险废物标签的设置位置应明显可见且易读，不应被容器、包装物自身的任何部分或其他标签遮挡。危险废物标签在各种包装上的粘贴位置分别为：箱类包装，位于包装端面或侧面；袋类包装，位于包装明显处；桶类包装，位于桶身或桶盖；其他包装，位于明显处。

4. 尺寸要求

表 4-1　危险废物标签尺寸要求

序号	容器或包装物容积 /L	标签最小尺寸 /（mm×mm）	最低文字高度 /mm
1	≤50	100×100	3
2	>50～450	150×150	5
3	>450	200×200	6

（二）贮存分区标志

设置在危险废物贮存设施内部，用于显示危险废物贮存设施内贮存分区规划和危险废物贮存情况，以避免潜在环境危害的警告性信息标志。

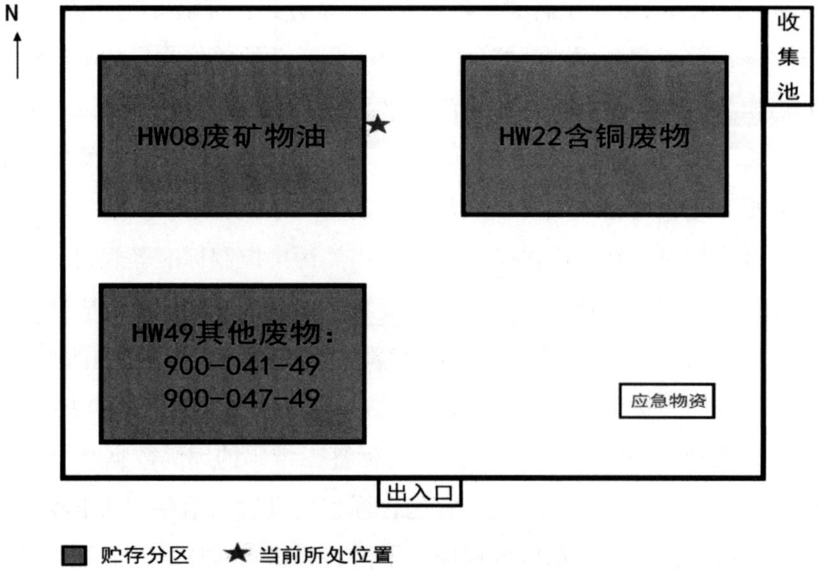

图 4-2　危险废物贮存分区标志

1. 内容要求

应以醒目的方式标注“危险废物贮存分区标志”字样；应包含但不限于设施内部所有贮存分区的平面分布、各分区存放的危险废物信息、本贮存分区的具体位置、环境应急物资所在位置以及进出口位置和方向；危险废物贮存单位可根据自身贮存设施建设情况，在危险废物贮存分区标志中添加收集池、导流沟和通道等信息；危险废物贮存分区标志的信息应随着设施内废物贮存情况的变化及时调整。

2. 设置要求

危险废物贮存分区的划分应满足 GB 18597 中的有关规定。宜在危险废物贮存设施内的每一个贮存分区处设置危险废物贮存分区标志。

3. 尺寸要求

表 4-2 危险废物贮存分区标识尺寸要求

观察距离 L/m	标志整体外形最小尺寸 /（mm×mm）	最低文字高度 /mm	
		贮存分区标志	其他文字
$0<L\leq2.5$	300×300	20	6
$2.5<L\leq4$	450×450	30	9
$L>4$	600×600	40	12

（三）设施场所标志

设置在贮存、利用、处置危险废物的设施、场所，用于引起人们对危险废物贮存、利用、处置活动的注意，以避免潜在环境危害的警告性区域信息标志。

（a）贮存设施标志 （b）利用设施标志

（c）处置设施标志

图 4-3 横版设施标志

（a）贮存设施标志　　　　　　　（b）利用设施标志

（c）处置设施标志

图 4-4　竖版设施标志

1. 内容要求

应包含三角形警告性图形标志和文字性辅助标志，其中三角形警告性图形标志应符合表 4-3 要求；应以醒目的文字标注危险废物设施的类型；应包含危险废物设施所属的单位名称、设施编码、负责人及联系方式；宜设置二维码，对设施使用情况进行信息化管理。

表 4-3　危险特性警示标志

序号	危险特性	警示图形	图形颜色
1	腐蚀性	CORROSIVE 腐蚀性	符号：黑色 底色：上白下黑
2	毒性	TOXIC 毒性	符号：黑色 底色：白色
3	易燃性	FLAMMABLE 易燃	符号：黑色 底色：红色（RGB：255，0，0）
4	反应性	REACTIVITY 反应性	符号：黑色 底色：黄色（RGB：255，255，0）

2. 填写要求

应填写贮存、利用、处置危险废物的单位全称；危险废物贮存、利用、处置设施编码可填写 HJ 1259 中规定的设施编码；设施二维码信息服务系统中应包含但不限于该设施场所的单位名称、设施类型、设施编码、负责人及联系方式，以及该设施场所贮存、利用、处置的危险废物名称和种类等信息。

3. 设置要求

危险废物相关单位的每一个贮存、利用、处置设施均应在设施附近或场所的入口处设置相应的危险废物贮存设施标志、危险废物利用设施标志、危险废物处置设施标志。

4. 尺寸要求

表 4-4　危险废物贮存设施标识尺寸要求

设置位置	观察距离 L/m	标志牌整体外形最小尺寸 /mm	三角形警告性标志			最低文字高度 / mm	
			三角形外变长 a1/mm	三角形内变长 a2/mm	边框外角圆弧半径 /mm	设施类型名称	其他文字
露天 / 室外入口	L＞10	900×558	500	375	30	48	24
室内	4＜L≤10	600×372	300	225	18	32	16
室内	L≤4	300×186	140	105	8.4	16	8

四、危险废物的收集

危险废物产生单位进行的危险废物收集包括两个方面，一是在危险废物产生节点将危险废物集中到适当的包装容器中或运输车辆上的活动；二是将已包装或装到运输车辆上的危险废物集中到危险废物产生单位内部临时贮存设施的内部转运。

（一）收集计划

危险废物的收集应根据危险废物产生的工艺特征、排放周期、危险废物特性、废物管理计划等因素制定收集计划。收集计划应包括收集任务概述、收集目标及原则、危险废物特性评估、危险废物收集量估算、收集作业范围和方法、收集设备与包装容器、安全生产与个人防护、工程防护与事故应急、进度安排与组织管理等。

（二）收集作业

应根据收集设备、转运车辆以及现场人员等实际情况确定相应作业区域，同时要设置作业界限标志和警示牌；作业区域内应设置危险废物收集专用通道和人员避险通道；收集时应配备必要的收集工具和包装物，以及必要的应急监测设备及应急装备；收集结束后应清理和恢复收集作业区域，确保作业区域环境整洁安全；收集过危险废物的容器、设备、设施、场所及其他物品转作他用时，应消除污染，确保其使用安全。

（三）包装容器

在常温常压下不易水解、不易挥发的固态危险废物可分类堆放贮存，其他固态危废物应装入容器或包装物内贮存；液态危险废物应装入容器内贮存，或直接采用贮存池、贮存罐区贮存；半固态危险废物应装入容器或包装袋内贮存，或直接采用贮存池贮存；具有热塑性的危险废物应装入容器或包装袋内进行贮存；易产生粉尘、VOCs、酸雾、有毒有害大气污染物和刺激性气味气体的危险废物应装入闭口容器或包装物内贮存。

表 4-5　容器或衬垫的材料

-	高密度聚乙烯	聚丙烯	聚氯乙烯	聚四氟乙烯	软碳钢	不锈钢		
						OCr18Ni9（GB）	M03Ti（GB）	9Cr18M0V（GB）
酸（非氧化）如硼酸、盐酸	R	R	A	R	N	*	*	*
酸（氧化）如硝酸	R	N	N	R	N	R	R	*
碱	R	R	A	R	N	R	*	R
铬或非铬氧化剂	R	A*	A*	R	N	A	A	*
废氰化物	R	R	R	A*-N	A*	N	N	N
卤化或非卤化溶剂	*	N	N	*	A*	A	A	A
金属盐酸液	R	A*	A*	R	A*	A*	A*	A*
金属淤泥	R	R	R	R	R	*	R	R
混合有机化合物	R	N	N	A	R	R	R	R
油腻废物	R	N	N	R	A*	R	R	R
有机淤泥	R	N	N	R	R	*	R	*
废漆油（原於溶剂）	R	N	N	R	R	R	R	R
酚及其衍生物	R	A*	A*	R	N	A*	A*	A*
聚合前驱物及产生的废物	R	N	N	*	R	*	*	*
皮革废物（铬鞣溶剂）	R	R	R	R	N	*	R	*
废催化剂	R	*	*	A*	A*	A*	A*	A*

注：A：可接受；N：不建议使用；R：建议使用；*：因变异性质，请参阅个别化学品安全资料。

（1）装载危险废物包装容器要求：针对不同类别、形态、物理化学性质的危险废物，其容器和包装物应满足相应的防渗、防漏、防腐和强度等要求；装载危险废物的容器必须完好无损，无破损泄漏；盛装危险废物的容器材质和衬里要与危险废物相容（不互相反应）。

（2）装载不同形态危险废物要求：液态、半固态的危险废物不宜盛装过满，容器内部应留有适当的空间，以适应因温度变化等可能，保留约 20% 的剩余容积，或容器顶部与液面之间保留 100 mm 以上的空间；可能有粉尘产生的固态危险废物，包装封口需严密，避免粉尘扩散；可能有渗滤液产生的固态危险废物，应使用防渗包装，确保渗滤液不泄漏。

（3）装载不同危险特性危险废物要求：具有易燃性的危险废物满足易燃性危险化学品包装要求；具有爆炸性或者排出有毒气体的危险废物经预处理稳定化后，包装封口需严密，能有效保证内装稳定剂的百分比在规定的范围内；具有毒性的危险废物，其容器封闭形式能有效隔断污染物迁移扩散途径；具有腐蚀性的危险废物，其包装容器的材质应具有相容性，并且具有一定强度。

五、危险废物的贮存

产生、收集、贮存、利用、处置危险废物的单位应建造危险废物贮存设施或设置贮存场所，并根据危险废物的类别、数量、形态、物理化学性质和环境风险等因素，确定贮存设施或场所类型和规模。

（一）贮存设施类型

根据贮存设施结构形式的不同，将贮存设施分为贮存库、贮存场、贮存池、贮存罐区4种类型；在环境风险可控的前提下，当产废量较少或临时中转时可采用贮存点的形式贮存。

（1）贮存库：适用于贮存各类危险废物，贮存库内贮存分区之间应设置隔离措施。隔离方式可根据危险废物特性采用过道、隔板或隔墙。

（2）贮存场：适用于贮存不易产生粉尘、挥发性有机物（VOCs）、酸雾、有毒有害大气污染物和刺激性气味气体的大宗危险废物的，具有顶棚（盖）的半开放式贮存设施。

（3）贮存池：适用于单一类别液态或半固态危险废物的，位于室内或具有顶棚（盖）的池体贮存设施。一个贮存池内应贮存性质相同的危险废物，不应将在贮存条件下发生化学反应的危险废物贮存在一个贮存池内。

（4）贮存罐：适用于贮存液态危险废物。

（5）临时（少量）贮存点：适用于临时贮存不大于1 t的危险废物；不宜贮存可能产生粉尘、挥发性有机物、酸雾以及其他有害气体的危险废物；应设置于固定区域，且采取有效措施与其他区域进行隔离。

（二）环境影响评价

危险废物贮存设施在施工前应做环境影响评价，在对危险废物集中贮存设施场址进行环境影响评价时，应重点考虑危险废物集中贮存设施可能产生的有害物质泄漏、大气污染物（含恶臭物质）的产生与扩散以及可能的事故风险等因素，根据其所在地区的环境功能区类别，综合评价其对周围环境、居住人群的身体健康、日常生活和生产活动的影响，确定危险废物集中贮存设施与常住居民居住场所、农用地、地表水体以及其他敏感对象之间合理的位置关系。

（三）贮存设施选址

贮存设施选址应满足生态环境保护法律法规、规划和"三线一单"生态环境分区管控的要求，建设项目应依法进行环境影响评价。集中贮存设施不应选在生态保护红线区域、永久基本农田和其他需要特别保护的区域内，不应建在溶洞区或易遭受洪水、滑坡、泥石流、潮汐等严重自然灾害影响的地区。贮存设施不应选在江河、湖泊、运河、渠道、水库及其最高水位线以下的滩地和岸坡，以及法律法规规定禁止贮存危险废物的其他地点。贮存设施场址的位置以及其与周围环境敏感目标的距离应依据环境影响评价文件确定。

（四）贮存设施设计

应综合考虑所需贮存危险废物的类型、数量、形态、物理化学性质、环境风险和后续处理程序、工艺等因素。应具备防扬散、防流失、防渗漏、防腐或者其他防止污染环境的措施。应设计建造径流疏导系统，保证能防止25年一遇的暴雨不会流入危险废物堆里。贮存设施地面防渗应满足国家和地方有关重点污染源防渗要求。防止渗出液等衍生废物、废水和泄漏的液态废物、产生的粉尘和挥发性有机物等污染环境。

（五）贮存设施污染控制

贮存设施应根据危险废物的形态、物理化学性质、包装形式和污染物迁移途径，采取必要的防风、防晒、防雨、防漏、防渗、防腐以及其他环境污染防治措施，不应露天堆放危险废物；贮存设施应根据危险废物的类别、数量、形态、物理化学性质和污染防治等要求设置必要的贮存分区，避免不相容的危险废物接触、混合；贮存设施地面与裙脚应采取表面防渗措施；表面防渗材料应与所接触的物料或污染物相容，可采用抗渗混凝土、高密度聚乙烯膜、钠基膨润土防水毯或其他防渗性能等效的材料；贮存的危险废物直接接触地面的，还应进行基础防渗，防渗层为至少1 m的厚黏土层（渗透系数不大于10^{-7} cm/s），或至少2 mm的厚高密度聚乙烯膜等人工防渗材料（渗透系数不大于10^{-10} cm/s），或其他防渗性能等效的材料。

（六）贮存设施运行管理

危险废物存入贮存设施前应对危险废物类别和特性与危险废物标签等危险废物识别标志的一致性进行核验，不一致的或类别、特性不明的不应存入。贮存危险废物时应按危险废物的种类和特性进行分区贮存，每个贮存区域之间宜设置挡墙间隔，并应设置防雨、防火、防雷、防扬尘装置。不相容的危险废物必须分开存放，并设有隔离间隔断，留有搬运通道。贮存产生粉尘、挥发性有机物、酸雾以及其他有毒有害气态污染物质的危险废物，应设置气体收集和导排装置，并应采取必要的气体净化措施。

其中废弃危险化学品的贮存，符合危险物品管理性质的危险废物，应优先按照国家危险物品贮存相关管理要求和标准进行管理。在常温常压下易爆、易燃及排出有毒气体的危险废物必须进行预处理，使之稳定后贮存，否则，按易爆、易燃危险品贮存。贮存设施运行期间，应按国家有关标准和规定建立危险废物管理台账并保存。贮存设施所有者或运营者应建立贮存设施环境管理制度、管理人员岗位职责制度、设施运行操作制度、人员岗位培训制度等。

表 4-6　不相容危险废物混合时会产生的危险

不相容危险废物		混合时会产生的危险
甲	乙	
氰化物	酸类、非氧化	产生氰化氢、吸入少量可能会致命
次氯酸盐	酸类、非氧化	产生氯气，吸入可能会致命
铜、铬及多种重金属	酸类、氧化，如硝酸	产生二氧化氮、亚硝酸烟，引致刺激眼目及烧伤皮肤
强酸	强碱	可能引起爆炸性的反应及产生热能
铵盐	强碱	产生氨气，吸入会刺激眼目及呼吸道
氧化剂	还原剂	可能引起强烈及爆炸性的反应及产生热能

（七）贮存设施关闭

贮存设施退役时，所有者或运营者应依法履行环境保护责任，退役前应妥善处理处置贮存设施内剩余的危险废物，并对贮存设施进行清理，消除污染；还应依据土壤污染防治相关法律法规履行场地环境风险防控责任。

危险废物贮存设施经营者在关闭贮存设施前应提交关闭计划书，经批准后方可执行。危险废物贮存设施经营者必须采取措施消除污染。监测部门的监测结果表明已不存在污染时，方可摘下警示标志，撤离留守人员。贮存设施所有者或运营者应依法履行设施退役的环境保护责任，退役前应妥善处理处置设施内剩余的危险废物，并对贮存设施进行清理，开展场地调查评估，消除污染后方可关闭、移交或者转换用途。

六、危险废物的转移

（一）转移要求

转移危险废物，应当采取防止污染环境的措施，并遵守国家有关危险货物运输管理的规定。转移危险废物的，应当执行危险废物转移联单制度，转移联单应当根据危险废物管理计划中填报的危险废物转移等备案信息填写、运行，法律法规另有规定的除外。危险废物转移联单的格式和内容由生态环境部制定。

（二）各方责任

危险废物移出人、危险废物承运人、危险废物接受人在危险废物转移过程中应当采取防扬散、防流失、防渗漏或者其他防止污染环境的措施，不得擅自倾倒、堆放、丢弃、遗撒危险废物，并对所造成的环境污染及生态破坏依法承担责任。

（三）跨省转移

跨省转移危险废物的，应当向危险废物移出地省级生态环境主管部门提出申请。移出地省级生态环境主管部门应当商经接受地省级生态环境主管部门同意后，批准转移该危险废物。未经批准的，不得转移。

跨省转移审批流程：一是受理：对于申请材料齐全、符合要求的，受理申请的省级生态环境主管部门应当立即予以受理；申请材料存在可以当场更正的错误的，应当允许申请人当场更正；申请材料不齐全或者不符合要求的，应当当场或者在 5 个工作日内一次性告知移出人需要补正的全部内容，逾期不告知的，自收到申请材料之日起即为受理。二是初步审核：危险废物移出地省级生态环境主管部门应当自受理申请之日起 5 个工作日内，根据移出人提交的申请材料和危险废物管理计划等信息，提出初步审核意见。三是转移商请：初步审核同意移出的，通过信息系统向危险废物接受地省级生态环境主管部门发出跨省转移商请函；不同意移出的，书面答复移出人，并说明理由。四是转移商请函复：危险废物接受地省级生态环境主管部门应当自收到移出地省级生态环境主管部门的商请函之日起 10 个工作日内，出具是否同意接受的意见，并通过信息系统函复移出地省级生态环境主管部门；不同意接受的，应当说明理由。五是审批决定：危险废物移出地省级生态环境主管部门应当自收到接受地省级生态环境主管部门复函之日起 5 个工作日内作出是否批准转移该危险废物的决定；不同意转移的，应当说明理由。危险废物移出地省级生态环境主管部门应当将批准信息通报移出地省级交通运输主管部门和移入地等相关省级生态环境主管部门和交通运输主管部门。

七、危险废物的自行利用处置

（一）危险废物自行利用

要依法进行环境影响评价，按时开展"三同时"验收；要按照有关法律和排污单位自行监测技术指南等规定，建立企业监测制度，制定监测方案，定期对利用处置设施污染物排放进行环境监测，并符合相关标准要求；危险废物资源化利用过程符合环境保护要求，危险废物资源化产物生产过程中排放到环境中的有害物质限值和该产物中有害物质的含量限值，符合国家相关污染物排放（控制）标准或技术规范要求，并提供证明材料；当没有国家污染控制标准或技术规范时，危险废物资源化产物中所含有害成分含量不高于利用被替代原料生产的产品中有害成分含量，并且在该产物生产过程中排放到环境中的有害物质浓度不高于利用所替代原料生产产品过程中排放到环境中的有害物质浓度，并提供证明材料。

（二）危险废物自行处置

要依法进行环境影响评价，按时开展"三同时"验收；符合运行环境管理要求。以焚烧、填埋、水泥窑等方式自行处置危险废物的运行要求符合国家和地方相关标准规范（如《危险废物焚烧污染控制标准》《危险废物填埋污染控制标准》《水泥窑协同处置固体废物污染控制标准》等；要按照有关法律和排污单位自行监测技术指南等规定，建立企业监测制度，制定监测方案，定期对利用处置设施污染物排放进行环境监测，并符合相关标准要求。

第三节　危险废物经营许可证管理

一、概述

从事收集、贮存、利用、处置危险废物经营活动的单位，应当按照国家有关规定申请取得许可证，许可证的具体管理办法由国务院制定。经营许可证项目投资建设要综合考虑项目规划符合性、市场饱和度和危险废物原料来源稳定性，科学选择经营危险废物类别和规模；要关注福建省生态环境厅定期组织发布的危险废物产生和处置利用状况公告，审慎项目投资与建设。

二、许可证制度

根据《危险废物经营许可证管理办法》，国家对危险废物经营许可证实行分级审批颁发。

（一）福建省级生态环境部门审批权限

除县/区级、设区的市级生态环境部门审批权限外，均由省生态环境厅进行审批。

（二）福建省市级生态环境部门审批权限

（1）医疗废物集中处置单位的危险废物经营许可证审批颁发。

（2）福建省生态环境厅下放权限：根据《关于下放危险废物经营许可证核发部分权限的通知》（闽环保土〔2017〕20号），2017年7月1日起，将8大类、84小类［HW08废矿物油、HW09乳化液、HW18焚烧处置残渣、HW21含铬废物（193-001-21、193-002-21）、HW34废酸、HW35废碱、HW36石棉废物和HW49其他废物（900-041-49、900-045-49）］的危险废物收集、贮存、焚烧（年焚烧1万t以下）、填埋类的危险废物经营许可证核发权限下放至各设区市生态环境部门。

（3）福建省生态环境厅委托权限：根据《省厅关于做好部分种类危险废物经营许可证委托核发工作的通知》（闽环保土〔2017〕43号）和《福建省生态环境厅关于进一步做好部分种类危险废物许可证委托核发工作的通知》（闽环保固体〔2020〕22号），将8大类、84小类［HW08废矿物油、HW09乳化液、HW18焚烧处置残渣、HW21含铬废物（193-001-21、193-002-21）］、HW34废酸、HW35废碱、HW36石棉废物和HW49其他废物（900-041-49、900-045-49）危险废物的利用经营许可证下放，应按照省厅统一制定的行政审批文书格式，依法办理行政审批事项。

（三）福建省县（市、区）级生态环境部门审批权限

根据《危险废物经营许可证管理办法》，危险废物收集经营许可证（只能从事机动车维修活动中产生的废矿物油和居民日常生活中产生的废镉镍电池的危险废物收集经营活动），由县级人民政府生态环境主管部门审批颁发。

三、许可证要素

根据《危险废物经营许可证管理办法》，危险废物经营许可证包括六个要素：一是法

人名称、法定代表人、住所；二是危险废物经营方式；三是危险废物类别；四是年经营规模；五是有效期限；六是发证日期和证书编号。

四、许可证办理

危险废物经营许可证单位应严格按照《危险废物经营许可证管理办法》的要求进行危险废物经营许可证的申请、变更、重新申领、到期换证工作。

（一）申请

1. 申请领取危险废物收集、贮存、处置综合经营许可证的条件

（1）有3名以上环境工程专业或者相关专业中级以上职称，并有3年以上固体废物污染治理经历的技术人员。

【浅析】提供这3名以上人员的劳动合同、毕业证书、学位证书、职称证书的复印件作为许可证申请材料的附件。具有3年以上固体废物污染治理经历的技术人员的证明文件。通常为技术人员从业经历的文字说明（需加盖许可证申请单位公章）。

（2）有符合国务院交通主管部门有关危险货物运输安全要求的运输工具。

（3）有符合国家或者地方生态环境标准和安全要求的包装工具，中转和临时存放设施、设备以及经验收合格的贮存设施、设备。

【浅析】由三部分组成，第一部分包括包装容器的图片及文字说明，一般将申请项目可能使用到的包装容器种类、数量、用途分别进行说明；第二部分包括中转车辆、转运设备设施的种类、数量，对应的中转和临时存放的危险废物种类，应急设施和消防设施的种类和数量，贮存设施的设计和施工验收材料等内容；第三部分包括中转和临时存放设施、设备以及贮存设施的名称、贮存能力、数量，贮存危险废物的种类，其他技术参数等内容。

（4）有符合国家或者省、自治区、直辖市危险废物处置设施建设规划，符合国家或者地方生态环境标准和安全要求的处置设施、设备和配套的污染防治设施；其中，医疗废物集中处置设施，还应当符合国家有关医疗废物处置的卫生标准和要求。

【浅析】提供此申请项目符合各级政府要求的批复文件复印件作为附件，批复文件包括：项目的环评批复文件，其他材料应结合待申请的工艺路线、不同防火或安全等级库房的设置提供相应的政府批复文件或专业机构的评价报告。

（5）有与所经营的危险废物类别相适应的处置技术和工艺。

【浅析】详细介绍处置技术的工艺流程、预处理过程，主要预处理和处置设备设施的名称、规格型号、设计能力、数量、其他技术参数等详细列出，对应的能够预处理和处

置的危险废物种类、数量、状态和危险特性等也一并详细列出。

（6）有保证危险废物经营安全的规章制度、污染防治措施和事故应急救援措施。

【浅析】包括条款中提到的经营安全、污染防治和事故应急救援方面的制度和措施，还应包括分析管理、环境监测、设备管理、厂区安全检查、劳动保护等相关的一系列内容。

（7）以填埋方式处置危险废物的，应当依法取得填埋场所的土地使用权。

【浅析】在取得国有土地使用证以后，才能申请危险废物填埋经营许可证，这是一个必要的前置条件。

2. 申请领取危险废物收集经营许可证的条件

①有防雨、防渗的运输工具。②有符合国家或者地方环境保护标准和安全要求的包装工具，中转和临时存放设施、设备。③有保证危险废物经营安全的规章制度、污染防治措施和事故应急救援措施。

（二）变更

危险废物经营单位变更法人名称、法定代表人和住所的，应当自工商变更登记之日起15个工作日内，向原发证机关申请办理危险废物经营许可证变更手续。提供以下六项申请材料：一是申请单位基本情况；二是危险废物经营许可证变更原因；三是此次危险废物经营许可证变更的申请内容；四是涉及变更法定代表人的，需要注明变更前后法定代表人的姓名、身份证号等相关信息，并附上变更前后法人的身份证复印件；五是内容真实性承诺书；六是工商营业执照（已生成电子证照的无须提供）。

【浅析】危险废物经营单位住所的变更不是利用处置设施搬迁到另一地址，此种情况应当按照新申请办理。

（三）重新申领

出现以下四种情形的任何一种均需要重新申领危险废物经营许可证：一是改变危险废物经营方式的；二是增加危险废物类别的；三是新建或者改建、扩建原有危险废物经营设施的；四是经营危险废物超过原批准年经营规模20%以上的。

【浅析】情形一中的"经营方式"包括收集、贮存、利用、处置4种。例如，某危险废物经营单位已经取得了收集、贮存、处置经营方式的经营许可证，但由于市场需要，拟新增对某种危险废物利用的生产线，则针对经营方式的变化，该单位需要重新申领包括"利用"经营方式在内的经营许可证。

情形二中"增加危险废物类别"，不仅指新增现行《国家危险废物名录》中HW01～HW50的类别，还包括后面8位数字代码类别发生变化的情况。例如，某危险废物经管单位取得的许可证资质中只包括 HW08 中的"900-217-08 使用工业齿轮油进行机械设备滑过程中产生的废润滑油"小类，现拟增加 HW08 中的"900-218-08 液压设备维护、更换和拆解过程中产生的废液压油"，则需要重新申领许可证；或现拟增加 HW09 类的"900-005-09 水压机维护、更换和拆解过程中产生的油／水、烃／水混合物或乳化液"，同样要重新申领许可证。

情形四中"原批准年经营规模"是指在经营单位的危险废物经营许可证上标明的"核准经营规模"中某设施的处置能力，如果经营单位在实际收集和处置过程中危险废物超过原批准数值的 20% 以上，就需要重新申领许可证。

（四）到期换证

危险废物经营许可证有效期届满，危险废物经营单位继续从事危险废物经营活动的，应当于危险废物经营许可证有效期届满 30 个工作日前向原发证机关提出换证申请。需提供以下申请材料：一是企业换证申请报告；二是企业环保执行情况报告；三是建设项目竣工环境保护验收意见。

第四节　收集类经营单位规范化管理

一、一般要求

危险废物收集许可证持有单位，应当在规定的时限（90 个工作日内）将收集的危险废物提供或者委托给利用、处置单位进行利用或者处置。

二、废铅蓄电池集中收集试点

从事废铅蓄电池收集、贮存的企业，应依法获得危险废物经营许可证；废铅蓄电池集中收集试点经营许可证，由省级生态环境主管部门审批颁发；收集试点企业可在收集区域内设置废铅蓄电池收集网点，建设废铅蓄电池集中转运点，以利于中转贮存。禁止在收集、运输和贮存过程中擅自拆解、破碎、丢弃废铅蓄电池；禁止倾倒含铅酸性电解质。

（一）贮存时限

废铅蓄电池收集网点暂存时间应不超过 90 天，重量应不超过 3 吨；集中转运点贮存时间最长不超过 1 年，贮存规模应小于贮存场所的设计容量。

（二）暂存设施

收集网点暂存设施应符合以下要求：一是应划分出专门存放区域，面积不少于 3 m²；二是有防止废铅蓄电池破损和电解质泄漏的措施，硬化地面及有耐腐蚀包装容器；三是废铅蓄电池应存放于耐腐蚀、具有防渗漏措施的托盘或容器中；四是在显著位置张贴废铅蓄电池收集提示性信息和警示标志。

（三）转移去向

试点单位应将收集的废铅蓄电池在集中转运点集中后，转移至持有危险废物经营许可证的废铅蓄电池利用处置单位。

三、小微企业危险废物收集试点

小微企业主要是指危险废物产生量较小的企业和机动车维修点、科研机构、学校实验室等社会源。

（一）资格审查

省级生态环境部门严格收集单位的审查，及时公开审查确定的收集单位相关信息并主动接受监督。

收集单位应具有环境科学与工程、化学等相关专业背景中级及以上专业技术职称的全职技术人员；具有符合国家和地方环境保护标准要求的包装工具、贮存场所和配套的污染防治设施；具有防范危险废物污染环境的管理制度、污染防治措施和环境应急预案等；具有与所收集的危险废物相适应的分析检测能力，不具备相关分析检测能力的，应委托具备相关能力单位开展分析检测工作；原则上应将行政区域内危险废物年产生总量 10 t 以下的小微企业作为收集服务的重点，同时兼顾机关事业单位、科研机构和学校等单位及社会源。

（二）明确责任

收集单位应依法制定危险废物管理计划，建立危险废物管理台账，通过省级生态环境部门监管系统如实申报试点过程的危险废物收集、贮存和转移等情况，并运行危险废物电子转移联单；按照规定的服务地域范围和收集废物类别，及时收集转运服务地域范围内小微企业产生的危险废物，分类收集贮存，并按相关规定将所收集的危险废物及时转运至危险废物利用处置单位。

（三）监督管理

生态环境主管部门依法加强对收集单位危险废物收集、贮存、转移等过程的环境监管，将收集单位作为危险废物规范化环境管理评估重点，依法严厉打击非法转移、倾倒、处置危险废物等环境违法行为。

四、农药包装废弃物收集试点

农药包装废弃物是指农药使用后被废弃与农药直接接触或含有农药残余物的包装物，包括瓶、罐、桶、袋等。利用农药包装废弃物满足《农药包装废弃物回收处理管理办法》要求，或进入生活垃圾填埋场填埋或进入生活垃圾焚烧厂焚烧的，均无须办理危险废物经营许可证。

（一）收集规定

农药经营者在其经营场所应设置农药包装废弃物回收点，并负责回收其销售的农药使用后产生的包装废弃物。总回收站负责定期回收各回收点的农药包装废弃物，不得无理由拒收。

（二）贮存场所

回收装置或临时贮存场所要因地制宜、便民实用，要落实防渗漏、防雨淋、防流失的要求，在显著位置张贴收集提示性信息，并加强回收装置或临时贮存场所的管理维护，妥善贮存农药包装废弃物。

（三）规范转运

在转移运输农药包装废弃物过程中，应当采取防止污染环境的措施，不得丢弃、遗撒农药包装废弃物，运输工具应当满足防雨淋、防渗漏、防遗撒要求。

（四）分类处理

总回收站对回收的农药包装废弃物按照是否可以资源化利用进行分类。可资源化利用的农药包装废弃物按照"风险可控、定点定向、全程追溯"的原则交由相关企业进行再生、资源化利用，但不得用于制造餐饮用具、儿童玩具等产品，防止危害人体健康。不可资源化利用的农药包装废弃物应当依法依规进行填埋、焚烧等无害化处理。

第五节　利用类经营单位规范化管理

一、工艺设施

危险废物利用类设施技术应满足 HJ 1091 的相关要求，可参照《先进污染防治技术目录》《国家工业资源综合利用先进适用技术装备目录》等，采用先进或者适用的生产工艺和装备，优先选用环境风险低、自动化程度高、能效高、能耗低、碳排放低、污染少的技术及装备。严禁使用淘汰名录中的技术、工艺、设备和材料。

（一）废矿物油（HW08）利用类

废矿物油利用设施建设应满足《废矿物油综合利用行业规范条件》（工业和信息化部公告 2015 年第 79 号）、GB/T 17145 和 HJ 607 的相关要求。已建废矿物油综合利用单个建设项目的废矿物油年处置能力不得低于 1 万 t。新建及改（扩）建设施能力原则上应不低于 3 万 t/a。废矿物油提炼再生润滑油基础油的蒸馏工序推荐采用高真空蒸馏，包括分子蒸馏、薄膜蒸馏、减压蒸馏等方法，不应使用釜式蒸馏工艺。再生润滑油基础油的后精制工序鼓励采用溶剂精制或加氢精制，严禁使用国家明令淘汰的硫酸精制等强酸精制工艺。

（二）表面处理废物（HW17）利用类

表面处理污泥火法冶金工艺中的干化、配料、制块（球）、烧结、熔炼等工段宜采用自动化、机械化作业；湿法回收工艺不应采用人工上料方式进行间歇投料，浸出、过滤、结晶、干化等工序应在负压条件下进行；污泥原料应在密闭空间内输送，半制成品转运设施应采取防遗撒措施；未经预处理，不应直接利用电镀、酸洗污泥制免烧砖及免烧陶粒等建筑材料。

（三）废酸（HW34）利用类

废酸通过过滤、蒸馏、置换、电解、化学沉淀、膜分离等方式提高废酸浓度，回收废酸中的有价金属元素或其他物质的工艺方式进行酸再生；利用废酸残余的酸性、氧化性或有价元素替代原料酸作为水处理剂、肥料或其他化学物质的生产原料进行资源化利用。废酸处理过程中产生的废水应进行专业化处置或经化学、吸附、膜分离等技术深度

103

处理后进行利用，各工段废气应进行收集处理，过滤残渣应进行危险废物属性鉴别。

（四）有色金属采选和冶炼废物（HW48）利用类

有色金属采选和冶炼废物宜采用火法冶金或湿法回收工艺进行利用，物料应采用机械或气力输送，配备粉尘高效收集措施，生产工序应在负压条件下进行；火法回收工艺应采用自动化或半自动化机械作业，湿法回收工艺应具有废气收集处理设施。

（五）废包装桶（HW49）利用类

废包装桶可采用溶剂清洗、干法清洗等工艺进行利用，清洗剂应满足 GB 38508 的规定要求。制备再生桶应具有倒残、整形、清洗、吸干、抛丸、烘干打磨试压、喷漆、干燥等工序，各环节应配备成套设备，生产环节应在密闭或负压条件下进行机械化操作；制备冶炼钢材原料应满足 GB/T 39733 的相关要求；废塑料桶造粒经营单位应具备后序生产工业废水管件、托盘等工业产品的工序。

二、入厂分析

企业应结合拟接收危险废物的特性（含易燃、易爆、自反应、遇水反应等）及采用的利用工艺确定危险废物入厂接收、拒接标准。危险废物入厂及利用处置过程采样应符合 HJ/T 20 的有关规定。企业应设置化验室，并根据制定的危险废物入厂接收、拒接标准及经营规模、进料条件等因素配置相应化验人员和检测设施。应根据危险废物来源、产生工序（段）及特性，合理制定检测方案，明确检测因子、方法及频次。

三、污染防治

危险废物再生利用各环节应采取有效的污染防治措施，避免污染物的无组织排放。应设置专用卸料区、洗车区、包装物清洗区，卸料区应设置粉尘、挥发性废气收集设施，可能产生液体的作业区域应设置液体接口防滴漏设施。危险废物利用处置设施应配备雨污分流、清污分流、污水综合处理系统；宜建立中水回用系统，优先循环、梯级利用。

四、环境管理

企业应通过信息化管理系统建立危险废物经营情况记录簿，如实记录危险废物的种类、数量、性质、产生环节、流向、贮存、利用处置等信息。应按照 HJ 2042 的要求并参照《危险废物经营单位编制应急预案指南》制定环境应急预案，并定期进行演练。应根据 HJ 1033、HJ 1034 以及环境影响评价等文件规定制定自行监测方案，按照方案中的监测指标、监测频次等要求，及时开展自行监测工作。应定期在厂区企业信息栏或官方网站公开危险废物利用情况、监测结果等相关信息。

五、再生利用产物管理

再生利用产物作为产品时，应满足相关产品质量标准（国标、地标、行标、团标或企标，企标需备案或在相关平台公开）要求；当没有相应的国家污染控制标准或技术规范时，应符合相应的专项国家生态环境标准或者产物利用国家标准要求，或者根据 HJ 1091 开展环境风险评价，来确定该利用产物中特征污染物的含量标准。

第六节　处置类经营单位规范化管理

一、填埋场规范化管理

危险废物填埋场是处置危险废物的一种陆地处置设施，它由若干个处置单元和构筑物组成，主要包括接收与贮存设施、分析与鉴别系统、预处理设施、填埋处置设施（包括防渗系统、渗滤液收集和导排系统）、封场覆盖系统、渗滤液和废水处理系统、环境监测系统、应急设施及其他公用工程和配套设施。

危险废物填埋场分为柔性和刚性两种类型。柔性填埋场采用双人工复合衬层作为防渗层的填埋处置设施，以有机合成材料（常用 HDPE）和黏土配合作为防渗构造，目前是危险废物填埋场的主要构造。刚性填埋场采用钢筋混凝土作为防渗阻隔结构的填埋处置设施。以钢筋混凝土作为框架和基础防渗结构，配合有机合成材料作为防渗构造。

（一）场址选择

填埋场场址的选择应符合国家及地方城乡建设总体规划要求，场址应处于一个相对稳定的区域，不会因自然或人为的因素而受到破坏。填埋场作为永久性的处置设施，封场后除绿化以外不能作他用。填埋场场址的选择应进行环境影响评价，并经生态环境主管部门批准。填埋场场址不应选在国务院和国务院有关主管部门及省、自治区、直辖市人民政府划定的生态保护红线区域、永久基本农田和其他需要特别保护的区域内。

（二）防护距离

填埋场场址的位置及与周围人群的距离应依据环境影响评价结论确定。重点评价其对周围地下水环境、居住人群的身体健康、日常生活和生产活动的长期影响，确定其与常住居民居住场所、农用地、地表水体以及其他敏感对象之间合理的位置关系。

（三）入场要求

禁止将医疗废物、与衬层具有不相容性反应的废物和液态废物进行填埋。

1. 进入柔性填埋场要求

根据《固体废物　浸出毒性浸出方法　硫酸硝酸法》（HJ/T 299）制备的浸出液中有害成分浓度不超过《危险废物填埋污染控制标准》（GB 18598）表 1 中允许填埋控制限值的废物；根据《固体废物　腐蚀性测定　玻璃电极法》（GB/T 15555.12）测得浸出液pH 在 7.0～12.0 的废物；含水率低于 60% 的废物；水溶性盐总量小于 10% 的废物，测定方法按照《土壤检测　第 16 部分：土壤水溶性盐总量的测定》（NY/T 1121.16）执行；有机质含量小于 5% 的废物，测定方法按照《固体废物　有机质的测定　灼烧减量法》（HJ 761）执行；不再具有反应性、易燃性的废物。

2. 进入刚性填埋场要求

除医疗废物、与衬层具有不相容性反应的废物和液态废物外，不具有反应性、易燃性或经预处理不再具有反应性、易燃性的废物，可进入刚性填埋场。砷含量大于 5% 的废物，应进入刚性填埋场处置。

（四）预处理

对不能直接入场填埋的危险废物必须在填埋前进行稳定化／固化处理，并建相应设施。

举例：焚烧飞灰可采用重金属稳定剂或水泥进行稳定化／固化处理；重金属类废物应在确定重金属的种类后，采用硫代硫酸钠、硫化钠或重金属稳定剂进行稳定化处理，并酌情加入一定比例的水泥进行固化；酸碱污泥可采用中和方法进行稳定化处理；含氰污泥可采用稳定化剂或氧化剂进行稳定化处理；散落的石棉废物可采用水泥进行固化；大量的有包装的石棉废物可采用聚合物包裹的方法进行处理。

（五）污染防治

危险废物填埋场主要是渗滤液污染，且长期存在污染地下水和土壤等环境风险。填埋场产生的渗滤液（调节池废水）等污水必须经过处理，并符合《危险废物填埋污染控制标准》（GB 18598）规定的污染物排放控制要求后方可排放，禁止渗滤液回灌填埋场。

填埋场投入使用之前，企业应监测填埋场所在区域环境背景水平。为掌握填埋场建成后周边的环境质量情况，填埋场建成投入运行前应重点对地下水、地表水、土壤三要素开展背景环境质量监测。

（六）安全性能评估

填埋场应根据渗滤液水位、渗滤液产生量、渗滤液组分和浓度、渗漏检测层渗漏量、地下水监测结果等数据，定期对填埋场环境安全性能进行评估，并根据评估结果确定是否对填埋场后续运行计划进行修订以及采取必要的应急处置措施。填埋场运营期，评估频次不得低于 2 年 1 次；封场至设计寿命期，评估频次不得低于 3 年 1 次；设计寿命期后，评估频次不得低于 1 年 1 次。

二、焚烧厂规范化管理

（一）选址

危险废物焚烧设施选址应符合生态环境保护法律法规及相关法定规划要求，并综合考虑设施服务区域、交通运输、地质环境等基本要素，确保设施处于长期相对稳定的环境。不应位于国务院和国务院有关主管部门及省、自治区、直辖市人民政府划定的生态保护红线区域、永久基本农田集中区域和其他需要特别保护的区域内。鼓励危险废物焚烧设施入驻循环经济园区等市政设施的集中区域，在此区域内各设施功能布局可依据环境影响评价文件进行调整。

（二）防护距离

焚烧设施厂址应与敏感目标之间设置一定的防护距离，防护距离应根据厂址条件、焚烧处置技术工艺、污染物排放特征及其扩散因素等综合确定，并应满足环境影响评价文件及审批意见要求。

（三）焚烧要求

入炉危险废物应符合焚烧炉的设计要求，具有易爆性的危险废物禁止进行焚烧处置。危险废物入炉前应根据焚烧炉的性能要求对危险废物进行配伍，以使其热值、主要有害组分含量、可燃氯含量、重金属含量、可燃硫含量、水分和灰分符合焚烧处置设施的设计要求，应保证入炉废物理化性质稳定。

（四）运行要求

预处理和配伍车间污染控制措施应符合危险废物贮存污染控制标准（GB 18597）中规定的要求，产生的废气应收集并导入废气处理装置，产生的废水应收集并导入废水处理装置。

表 4-7　危险废物焚烧炉的技术性能指标

指标	焚烧炉高温段温度 /℃	烟气停留时间 /s	烟气含氧量（干烟气，烟囱取样口）	烟气一氧化碳浓度 /（mg/m²）（烟囱取样口）		燃烧效率 /%	焚毁去除率 /%	热灼减率 /%
				1 h 均值	24 h 均值或日均值			
限值	≥1 100	≥2.0	6%～15%	≤100	≤80	≥99.9	≥99.99	<5

三、水泥窑协同处置规范化管理

依托现有水泥窑来处置危险废物，因此除水泥窑的主体设备设施外，协同处置危险废物系统还应包括危险废物预处理系统、危险废物上料系统，以及具备协同处置的其他基本条件。

（一）预处理系统

应根据危险废物特性及入窑要求，确定预处理工艺流程和预处理设施。

从配料系统入窑的固态废物，其预处理设施应具有破碎和配料的功能，也可根据需要配备烘干等装置；从窑尾入窑的固态废物，其预处理设施应具有破碎和混合搅拌的功能，也可根据需要配备分选和筛分等装置；从窑头入窑的固体废物，其预处理设施应具有破碎、分选和精筛的功能。

液体废物的预处理设施应具有混合搅拌功能，若液体废物中有较大的颗粒物可在混合搅拌系统内配加研磨装置，也可根据需要配备沉淀、中和、过滤等装置；半固体（浆状）废物的预处理设施应具有混合搅拌的功能，也可根据需要配备破碎、筛分、分选、高速研磨等装置。

（二）上料系统

（1）SMP 系统。SMP 即破碎、混合和泵送的缩写，适宜对半固体废物上料。根据不同的半固体废物的物理状态、输送性能、水分含量及处理规模，选择不同的设备进行破碎、调质和混合后，泵送至水泥窑分解炉进行焚烧处理。

（2）泵送系统。包括区别于SMP系统的液态泵送和污泥泵送等系统。虽然SMP系统适宜处理半固体废物，但其中有些半固体废物需要污泥或液体废物来进行调配，因此仍需要单独配有污泥泵送或废液泵送设施。因为危险废物的性质千差万别，从稳定性、安全性等角度考虑，仍需要独立配备。

（3）皮带上料。通常一些固体废物性质较稳定，一些不含有机物的或不含挥发、半挥发性重金属的固体废物，破碎均质后可以采用皮带上料，通过生料磨系统进入水泥窑内，方法简单、高效。

（三）投加位置

窑头高温段，包括主燃烧器投加点和窑门罩投加点；窑尾高温段，包括分解炉，窑尾烟室和上升烟道投加点；生料配料系统（生料磨）。

（四）投加设施

生料磨投加可借用常规生料投料设施；主燃烧器投加设施应采用多通道燃烧器，并配备泵力或气力输送装置；窑门罩投加设施应配备泵力输送装置，并在窑门罩的适当位置开设投料口；窑尾投加设施应配备泵力、气力或机械传输带输送装置，并在窑尾烟室、上升烟道或分解炉的适当位置开设投料口；可对分解炉燃烧器的气固相通道进行适当改造，使之适合液态或小颗粒状废物的输送和投加。

表 4-8　水泥窑的危险废物投加位置和投加设施

入窑危险废物特性			投加位置	投加设施
可燃	液态		窑头主燃烧器	借用窑头煤粉多通道燃烧器的空闲通道，设置泵力输送装置
			窑门罩	设置泵力输送装置和喷嘴
			分解炉	借用分解炉煤粉多通道燃烧器的空闲通道或在分解炉新增开口，设置泵力输送装置和喷嘴
	半固态		分解炉	设置柱塞泵和输送管道
	固态	小粒径	窑头主燃烧器	借用窑头煤粉多通道燃烧器的空闲通道，设置气力输送装置
			窑门罩	设置气力输送装置后，投加方向与回转窑轴线平行
			分解炉	借用分解炉煤粉多通道燃烧器的空闲通道或在分解炉新增开口，设置气力或机械输送装置

续表

入窑危险废物特性			投加位置	投加设施
可燃	固态	大粒径	分解炉	在分解炉新增开口，设置气力或机械输送装置
不可燃		液态	窑门罩	设置泵力输送装置和喷嘴
			窑尾烟室	设置泵力输送装置和喷嘴
			分解炉	借用分解炉煤粉多通道燃烧器的空闲通道或在分解炉新增开口，设置泵力输送装置和喷嘴
		半固态	窑尾烟室	设置柱塞泵和输送管道
			分解炉	设置柱塞泵和输送管道
	固态	含有机质小粒径	窑头主燃烧器	借用窑头煤粉多通道燃烧器的空闲通道，设置气力输送装置
			窑门罩	设置气力输送装置后，投加方向与回转窑轴线平行
			窑尾烟室	设置气力或机械输送装置
			分解炉	借用分解炉煤粉多通道燃烧器的空闲通道或在分解炉新增开口，设置气力或机械输送装置
		含有机质大粒径或大块状	窑尾烟室	设置机械输送装置
			分解炉	设置机械输送装置
		不含有机质（有机质含量＜0.5%，二噁英含量小于 10 ngTEQ/kg，其他特征有机物含量≤常规水泥生料中相应的有机物含量）和氰化物（CN 含量＜0.01 mg/kg）	生料磨	借用常规生料的空闲输送皮带或新增输送皮带

（五）投加限制

入窑危险废物应具有相对稳定的化学组成和物理特性，其重金属以及氯（＜0.04%）、氟（＜0.5%）、硫（＜0.014%）等有害元素的含量及投加量应满足 HJ 662 的要求。严禁利用水泥窑协同处置具有放射性、爆炸性和反应性废物，未经拆解的废家用电器、废电池和电子产品，含汞的温度计、血压计、荧光灯管和开关，铬渣，以及未知特性和未经过检测的不明性质废物。

【本章作者：张继享、吴燕芳、杨　净、赵　鹭、霍慧敏、贾　佳、靳晓勤、周立臻】

第五章

危险废物环境污染防治实践

危险废物污染环境防治坚持减量化、资源化和无害化的原则，既是国内外危险废物污染防治经验的总结，也是我国固体废物污染环境防治法规定的基本原则。减量化、资源化、无害化是有机统一的，必须作为一个整体加以把握，加强危险废物减量化、资源化、无害化的协同治理；减量化突出源头治理，通过清洁生产、先进工艺技术设备等措施，减少危险废物的产生量；资源化注重变废为宝，通过回收、加工、循环利用、交换等方式，对危险废物进行综合利用，使之转化为可利用的二次原料或再生资源；无害化强调最大限度地减少对环境和人体健康的危害性，就危险废物管理而言，无害化是根本目的，也是底线。只有满足无害化要求的减量化和资源化才是真正意义上的减量化和资源化。

第一节　危险废物减量化

一、清洁生产

（一）概述

《中华人民共和国固体废物污染环境防治法》要求，依法实施清洁生产审核，合理选择和利用原材料、能源和其他资源，采用先进的生产工艺和设备，减少工业固体废物的产生量，降低工业固体废物的危害性。清洁生产是执行源头减量化措施的重要手段之一，其实质是预防污染，强调在污染发生之前就进行削减，可以有效降低末端处置的压力，同时也可以避免末端治理的弊端。《福建省强化危险废物监管和利用处置能力改革行动方案》（闽环发〔2021〕47号）对源头减量化做出明确要求，"依法开展清洁生产审核，在石化、冶金、电镀、皮革、印染等相关重点行业实施强制性清洁生产审核，'十四五'期间，对所有年产生危险废物量100 t以上的工业企业完成至少一轮强制性清洁生产审核。"

（二）途径

清洁生产关注的重点环节在于原辅材料的采用、生产工艺的选择以及生产过程的控制，企业执行清洁生产的基本途径有以下几点：

（1）加强对原料的管理使用，包括对原辅材料的储存和运输要注意防污染，尽量采用无毒、无害或低毒、低害的原料，替代毒性大、危害严重的原料，从生产源头减少污染。

（2）加强技术革新力度，改进现有生产工艺，淘汰落后生产工艺，采用资源利用率高、污染物产生量少的工艺和设备、替代资源利用率低、污染物产生量多的工艺和设备，直接减少有毒有害废弃物的产生。

（3）加强生产管理与过程控制，对生产过程中产生的废物、废水和余热等进行综合利用或者循环使用，实现物料循环利用与废物回收，保证实际废弃物产生量减少。

（4）加强企业管理，定期组织生产一线员工岗位操作培训，规范员工日常操作，以减少员工不合规操作而发生的安全生产事故，以减少事故应急处置而产生的危险废物处置量。

（5）落实奖励激励，鼓励企业员工节约原料使用，提高操作技能，以减少危险废物产生量。从主观能动性方面，加强个人自主性，强化源头减量，实现清洁生产。

举例：某石油化工企业采用国内外先进的生产工艺和设备，主要生产装置均采用成熟工艺，主要产品为汽油、煤油、柴油、聚丙烯、丁二烯、燃料油等。产生的危险废物有废催化剂、废吸附剂、废树脂、废活性炭、废碱液（渣）、污泥等，根据危险废物的性质分类处理。该企业立足于该厂实际，清洁生产措施主要为优化工艺及改进相关设备，减少原料的投入以及废物的产生量，从而达到危险废物减量化的目的。具体的清洁生产方案有以下4个。

（1）MTBE装置——排凝阀封堵

方案简介：防止跑冒滴漏，对装置一些损坏的排凝阀进行更新。

效果：通过对排凝阀的更新，能够减少废油排放1t，减少了危险废物的产生量。

（2）溶剂再生系统增加盘油溶解焦油系统

方案简介：在12万t丁二烯装置溶剂再生系统增加1个带有搅拌器的焦油溶解罐、1台燃料油送出泵及相关阀门、管道和相关仪表等，其设备构成见表5-1。

表5-1 丁二烯装置——溶剂再生系统增加盘油溶解焦油系统设备

序号	设备名称	设备位号
1	焦油稀释罐	D-50022
2	焦油送出泵	P50023
3	焦油搅拌器	M50101/M50102
4	安全阀	PSV50101A/B

效果：通过该方案的实施，既可避免排焦时有大量有毒有害且难闻气体产生，又可回收装置产生的废渣（焦油）。废渣溶解后可作为燃料油送出，不必再进行处理，达到减少危险废物处理量的目的。

（3）三乙基铝系统改造

方案简介：改造TEA系统，让进料更稳定，运行更安全，减少反应器停工次数。

效果：通过改造，可减少白油消耗3t。因原料白油的投入量减少，废白油的产生量也相应减少，从而减少危险废物的产生量，达到危险废物减量化的目的。

（4）原料丙烯增设脱甲醇床

方案简介：乙烯装置内，原料丙烯的甲醇含量高，导致三剂消耗量高，反映波动大，容易结块，甚至导致停工。新增脱甲醇床后，可提高原料纯度。

效果：通过增设脱甲醇床工艺后，可减少催化剂消耗3t，废催化剂产生量随之减少，从而达到危险废物减量化的目的。

二、先进工艺技术设备

《中华人民共和国固体废物污染环境防治法》第三十三条规定：国务院工业和信息化主管部门应当会同国务院有关部门组织研究开发、推广减少工业固体废物产生量和降低工业固体废物危害性的生产工艺和设备，公布限期淘汰产生严重污染环境的工业固体废物的落后生产工艺、设备的名录。工业和信息化部、国家发展和改革委员会、科学技术部、生态环境部 4 部门编制了《国家工业资源综合利用先进适用工艺技术设备目录（2021 年版）》，指导相关企业利用先进的适用工艺技术设备，持续提高资源利用效率。该目录的先进工艺技术设备主要分为研发类、应用类和推广类，每个类型有工业固体废物减量化、工业固体废物综合利用和再生资源回收利用 3 个方向。

举例：应用类工业水处理系统污料原位再生工艺技术与设备，适用于钢铁、有色、石油、化学化工、火电、纺织、印染、市政用水等行业工业水污泥回收及滤料等价循环利用。采用超声波、高压水、气、专用介质集成设备处理工业水处理系统滤料，经过有序匹配，完成对污料的板结、除垢、分离有害物质后实现原位再生，大幅减少受污滤料等固体废物的排放。

三、重金属减排

（一）概述

重金属减排重点防控的污染物是铅、汞、镉、铬、砷、铊和锑，并对铅、汞、镉、铬和砷 5 种重点重金属污染物排放量实施总量控制。

减排重点行业包括重有色金属矿采选业（铜、铅锌、镍钴、锡、锑和汞矿采选），重有色金属冶炼业（铜、铅锌、镍钴、锡、锑和汞冶炼），铅蓄电池制造业，电镀行业，化学原料及化学制品制造业〔电石法（聚）氯乙烯制造、铬盐制造、以工业固体废物为原料的锌无机化合物工业〕，皮革鞣制加工业 6 个行业；减排主要手段有产业结构调整、工艺设备升级改造和污染物深度治理。

（二）减排技术

1.化学原料及化学制品制造业

（1）气动流化塔铬盐清洁生产工艺。适用于铬盐行业重铬酸钠生产，通过气动流化塔设备及技术生产铬酸钠，然后经过离子膜连续电解制取重铬酸钠，实现重铬酸钠清洁生产，与焙烧法技术相比，具有节能降耗减排、操作环节友好、产品质量高等优势；解决了焙烧法反应温度高、铬渣量大、铬渣为危险废物、含铬芒硝等问题。

（2）高效自循环湿法连续制备红矾钠技术。适用于铬盐行业红矾钠生产，通过高效自循环湿法连续制备，实现红矾钠的清洁、高质、高效生产，与无钙焙烧加硫酸酸化等现有技术相比，具有资源利用率高、能耗低、成本低、质量优异、无铬渣及含铬芒硝产生等优势；解决了传统红矾钠生产过程中环境污染严重、资源利用率低、能耗高、自动化程度低、生产粗放等系列问题，单位产品重金属污染物削减量明显，同时还可减排二氧化碳和二氧化硫。

（3）电解法制备晶体铬酸酐技术。适用于铬盐行业铬酸酐生产，通过电解法氧化技术，实现铬酸酐的清洁化高效生产，与硫酸酸化法等现有技术相比，具有无含铬废物产生、产品质量优异等优势；解决了铬酸酐生产工艺落后，生产环境恶劣，产品质量低，且副产大量的含铬硫酸氢钠及毒性氯化铬酰等问题，单位产品重金属铬污染削减量为45 kg。

（4）PVC含汞废水处理技术。适用于电石法PVC生产过程中产生的含汞废水处理，通过形态转化——固液分离，处理高浓度含汞废水，与膜法、树脂法相比，具有投资费用少、运行稳定的优势；解决了电石法PVC含汞废水深度处理的问题，水中的汞得到大幅削减。

（5）固汞催化剂。适用于电石法PVC行业乙炔氢氯化合成氯乙烯反应，通过添加增加活性与稳定性的催化组分，选用适宜孔径的载体，采用特殊的载体预处理方式，有效地延缓了催化组分的升华流失，抑制反应过程中形成积碳，保证固汞催化剂产品在反应过程中的高活性与稳定性。产品具有活性高、稳定性好、寿命长、挥发损失少、填装量少的特点；解决了能有效降低我国电石法聚氯乙烯行业的汞污染，并大幅降低汞资源消耗，实现行业源头减排的目标，同时降低行业汞污染风险防控的难度。

2. 铅蓄电池制造业

（1）真空和膏技术。适用于铅蓄电池生产，将氧化度约为75%的巴顿铅粉进行短时间的干混合，然后迅速加入稀硫酸溶液，使膏成为"半乳化"状态，接着进行湿混合，在此过程中铅粉和硫酸发生反应，在4BS晶种的引诱下生成的硫酸盐（3BS、4BS等）不断改变水化程度和结晶状态；接着进行真空处理，除去过量的水使铅膏达到规定的视密度，同时降低铅膏温度至出膏温度（45℃以下）。真空和膏处于全密封状态，和膏过程中减少了酸雾的产生量；解决了真空和膏在密闭环境中操作，酸雾产生量微乎其微，接近于零，同时节约了用水和用电。

（2）环保电池用（无铅、无镉）锌合金材料及其制造技术。适用于锌锰干电池负极材料，在于合金组分的选定，通过添加适量铝、钛、镁等配置锌合金材料，取代传统锌铅镉合金，生产工艺采取"精密合金＋精密制造"模式，并配备先进适用的自动化工艺装备；解决了锌锰电池锌负极材料中含镉、含铅问题，为实现锌锰电池无镉无铅化提供原材料。与现有技术相比，将有害重金属铅的含量由0.35%~0.80%降至0.004%以下，将镉的含量由0.03%~0.06%降至0.002%以下，产品各项性能指标优于欧盟RoHS标准。

（3）铅蓄电池板栅连铸连冲技术。适用于铅蓄电池生产，该技术装置包括熔铅炉、铅带成型装置、冷却喷淋头、铅带连轧装置、裁边器、铅带缓冲架、板栅连冲装置，其中铅带成型装置设在熔铅炉的出料口的下方，冷却喷淋头设在铅带成型装置和铅带连轧装置之间，冷却喷淋头的下方还设有铅带缓冲架，用于缓冲由铅带成型装置初步轧制成型的铅带，使其进入铅带连轧装置，铅带连轧装置另一侧依次设有裁边器、铅带缓冲架和板栅连冲装置；解决了相对传统的铅蓄电池板栅冲制装置，连轧连冲装置集铅带轧制及板栅冲制于一体，便于进行板栅自动化、连续化生产，大大提高了生产效率，减少了板栅的损耗和铅的使用，降低了生产能耗及物耗，节约了生产成本，减少了对环境的污染。

3. 皮革及其制品业

（1）基于白湿皮的铬复鞣"逆转工艺"技术。适用于家具革、车用革的生产，开发两性无铬鞣剂和两性复鞣染整助剂，使无铬鞣制生产的白湿皮具有适当的等电点，对现有阴离子型复鞣染整材料具有良好的吸收和固定作用。白湿皮在复鞣染色加脂后再进行铬复鞣，使得制革湿工序仅有最后一步产生含铬废水；大幅减少制革行业铬污染，包括减少含铬废水量70%~80%，减少废水总铬产生量60%以上。

（2）铬鞣废水处理与资源化利用技术。适用于制革厂，将单独收集的铬鞣废水采用碱沉淀法处理，回收的铬泥经酸化、氧化处理、调整碱度，回用于皮革鞣制或复鞣，上清液用于浸酸、铬鞣；降低含铬废水排放量；减少铬用量约20%；节约盐用量约50%；减少铬危险废物处置费；降低综合污水中氯离子含量1 000~1 500 mg/L。

（3）高吸收铬鞣技术。适用于制革厂，采用小液比工艺，延长处理时间，添加助鞣剂等方法提高传统铬鞣工艺中铬的吸收率，采用高吸收铬鞣技术降低了铬粉用量至3%，可节约50%的铬粉用量；可将铬吸收率提高至90%。结合助鞣剂，铬吸收率可达到95%及以上，降低了皮革中铬的洗脱率，从而大幅降低铬鞣废液中的含铬量，减少了废水中的铬排放。

（4）铬鞣废液全循环利用技术。适用于制革厂，通过过滤、沉淀、水解、氧化和还原等技术措施，去除废液中的固形物杂质、水溶性杂质，以及与铬盐结合的杂质，重新恢复铬盐的鞣性；该技术铬的回用率达到99%及以上，基本可以解决铬盐污染问题。

4. 重有色金属冶炼业

（1）高铁氧化锌含铟物料高效利用技术。适用于氧化锌综合利用，通过采用"三段浸出（中酸浸、低酸浸、高酸浸），两步还原，一次中和"的工艺流程，与现有技术项目相比，锌的回收率由 92% 提高至 96%，铟的浸出率由 61% 提高至 85%，铅渣中铅品位由 30% 提高至 40%；实现锌、铅、铟、铁高效回收利用。

（2）"双底吹"连续炼铜技术。适用于铜冶炼，利用"双底吹"连续炼铜技术实现产业化，与传统 PS 转炉吹炼技术相比，具有工艺流程短、作业率高、热利用率高、漏风率低、无低空污染、能耗低、环境友好等优势；解决传统 PS 转炉吹炼存在的低空污染问题；与 PS 转炉相比，降低工艺烟气量约 60%、环保烟气量约 30%，节能减排效果显著。

（3）稀贵金属二次物料密闭富氧侧吹强化熔炼技术。适用于二次资源综合回收，通过富氧强化熔炼技术，实现高效、经济、环保处理含重金属二次物料。与基夫赛特闪速炼铅法、QSL、鼓风炉及熔池熔炼等技术相比，具有单独处理稀贵金属二次资源、金属回收率高、处理能力大、能耗低、污染物排放少等优势；解决了单独处理二次资源、综合回收有价金属、处理能力较强、能耗高、污染大等问题。

5. 重有色金属矿采选业

（1）含悬浮物选矿废水高效絮凝处理及回收利用技术。适用于含悬浮物选矿废水循环利用，通过加入带正电荷的物质，采取各种技术手段使之有效分布于受污水体，并与水中的浮游微粒子结合，使浮游微粒子间的相互排斥作用力削减，在粒子间的相互引力作用下凝集并且沉淀（或上浮）；可彻底解决污水问题。

（2）铅锌浮选厂废水处理与循环利用技术。适用于含悬浮物、铅离子的选矿废水，通过对铅锌选矿废水进行部分分质循环利用、预处理软化、反调酸作业、混凝沉降及臭氧曝气处理，使处理后的水体符合铅锌选矿浮选用水要求，实现选矿废水的全流程循环利用选矿，杜绝废水外排。

6. 电镀行业

（1）电镀替代工艺：纳米喷镀。适用于汽车生产商和电器生产商等精密产品的表面处理和其他行业的表面装饰和保护等喷涂，通过直接喷涂的方式使被涂物体表面呈现金、银、铬及各种彩色（红、黄、紫、绿、蓝）等各种镜面高光效果。该技术喷涂的制品，具有优异的附着力、抗冲击力、耐腐蚀性、耐气候性、耐磨性和耐擦伤性，具有良好的防锈性能；实现了无重金属、无"三废"排放。

（2）三价铬镀铬技术。适用于装饰性电镀铬工艺，采用三价铬电镀采用了氨基乙酸体系和尿素体系镀液，镀层质量、沉积速度、耐腐蚀性、硬度和耐磨性等都与六价铬镀层相似，且工艺稳定，电流效率高，节省能源，同时还具有微孔或微裂纹的特点；但铬层颜色与六价铬有差别，且镀层增厚困难，还不能取代功能性镀铬及硬铬；可有效防止六价铬污染，对环境和操作人员的危害比较小。

（3）锌镍合金镀层替代镀镉技术。适用于汽车部件、五金工具及部分军工产品替代电镀镉工艺，以锌镍合金镀层部分替代镀镉工艺；可实现无重金属镉的排放。

举例：长沙赛恩斯环保科技有限公司和中南大学共同开发了"生物制剂配合－水解－脱钙－絮凝分离"一体化新工艺和相应设备，重金属废水通过生物制剂多基团的协同配合，形成稳定的重金属配合物，用碱调节 pH，并协同脱钙；由于生物制剂同时兼有高效絮凝作用，当重金属配合物水解形成颗粒后很快絮凝形成胶团，实现重金属离子（铜、铅、锌、镉、砷、汞等）和钙离子的同时高效净化，净化水中各重金属离子浓度远低于《铅、锌工业污染物排放标准》（GB 25466），能够直接回用，水解渣通过压滤机压滤后可以作为冶炼的原料对其中的有价金属进行回收，达到重金属"零排放"的目的。该技术解决了传统技术难以同时深度脱除多种重金属的技术瓶颈，以及出水重金属离子难以稳定达到国家排放标准、易产生二次污染等难题。

第二节　危险废物资源化

一、概述

危险废物资源化实质上是将危险废物作为原料进行综合利用，将危险废物"变废为宝"，极大地减轻危险废物末端无害化处置压力。危险废物的循环利用可以提高资源的利用效率，提升循环经济的发展水平，助力降碳行动，促进"双碳"目标达成，符合绿色低碳循环发展要求。

资源化是"三化"原则中的重要一环，对减量化和无害化有着重要的支撑作用。危险废物资源化是对减量化举措的补充，同时无害化处置压力也得到减轻。因此，在减量化和无害化措施短期内无法取得重大突破的情况下，危险废物的资源化水平就显得尤为重要，是危险废物污染防治领域重点突破的领域。

二、途径和原则

《中华人民共和国固体废物污染环境防治法》第十五条指出，"综合利用固体废物应当遵守生态环境法律法规，符合固体废物污染环境防治技术标准。使用固体废物综合利用产物应当符合国家规定的用途"。因此，在危险废物资源化过程中，要重点把握两点，资源化过程中防止出现二次污染，资源化后的产物要将危险废物的特性去除，并且符合国家的相关标准。危险废物资源化的途径可分为直接利用和回收再利用。直接利用是指将废物作为原生产过程中某些原料的替代物，或用于其他生产过程的原料替代物。回收再利用是指从危险废物中回收具有使用价值的物质和能源，作为新的原料或者能源投入使用。

危险废物的资源化首先应该确保其安全性，包括环境安全和人体安全。资源化后的产物，不得有危险成分进入环境或生物链的风险。其次要考虑目前的工艺技术成熟程度，应该有相应的标准和技术规范。利用危险废物生产的原材料或者燃料，应当符合国家有关产品质量的标准；没有国家标准、行业标准的，应当制定企业标准并报标准化行政主管部门备案。企业自建的危险废物利用处置设施必须严格依照国家相关法规标准进行环境影响评价和设计施工，并遵守国家有关危险废物管理的规定，对已建设施加强环境管理，强化日常监测，确保达标排放

三、利用技术

（一）"旋风闪蒸－薄膜再沸＋双向溶剂精制"废矿物油再生基础油成套装备技术

1. 工艺路线及参数

原料废矿物油经系统内换热后常压闪蒸脱水、减压蒸馏脱除瓦斯油组分后，采用熔盐管式换热，进入旋风闪蒸－薄膜再沸减压蒸馏塔，料液高速旋转布膜，汽、液迅速彻底分离，塔壁外加热进行二次薄膜蒸发，上升气体经低压力降（<200 Pa）洗涤段、空塔段冷凝并收集后采出；采集的馏分油与双向溶剂混合萃取分层后，萃余液经升－降膜联合蒸发器脱去溶剂后，进汽提和真空脱气得到基础油产品；萃取液经四效蒸馏得到双向溶剂循环使用。

2. 主要技术指标

原料油加热介质（或炉膛）温度：400～600℃；原料废油加热温度：320～340℃；馏分油减压塔汽化段真空度：133.3～400 Pa（1～3 mmHg）；减压蒸馏渣油收率（原料无水）：8%～10%；剂油比（溶剂：馏分油）：1:0.8～1:1.5（V/V）；溶解萃取温度：60～80℃；溶剂回收压力：a.常压，b.减压：-0.095～-0.090；汽提蒸汽压力：0.2～0.6 MPa，用量（占油比）：0.02～0.04 t/t；脱气真空度：-0.096～-0.092。

3. 技术特点

加热介质温度低（＜420℃）和原料废油加热温度低（＜350℃），避免了原料废油裂解、焦化；极低的减压蒸馏塔全塔压力降（＜200 Pa）和旋风薄膜蒸发，提高基础油馏分油蒸出率，降低减压渣油收率（＜10%）；双向溶剂萃取不仅提高基础油收率（大于3%～8%）；而且产品质量更优；四效蒸馏降低能耗（节能30%以上）；升-降膜联合蒸发效率高、投资少、节能。

举例：安徽某科技公司建设5万t/a废矿物油再生基础油项目，随机检测产品全都达到或超过中石油颁布的《通用润滑油基础油质量标准》之HVI类指标，实现危险废物废矿物油资源化利用的目的。本项目工艺流程为废矿物油经过滤器过滤后预热送入脱烃闪蒸罐以及脱烃质油塔，将其中的水及轻质油脱除，脱烃后的原料油经熔盐换热器加热后送馏分油回收塔回收馏分油，150SN馏分油、350SN馏分油从塔中间取出，渣油从塔底取出，取出的150SN馏分油、350SN馏分油经换热后经静态混合器和N-甲基吡咯烷酮（NMP）混合后送入NMP层析器，之后用泵送入NMP萃取塔，NMP层析器NMP相经换热后送入NMP再生塔。NMP抽提的抽余油经换热后送入NMP回收塔，回收的NMP打回NMP层析器。150SN基础油、350SN基础油从塔底抽出，抽出的150SN基础油、350SN基础油进入汽提塔汽提，汽提后的150SN基础油、350SN基础油进入脱气塔脱出水分后得到合格的基础油产品（150SN基础油和300SN基础油）。

（二）水泥窑协同处置生活垃圾焚烧飞灰技术

1. 工艺路线及参数

飞灰经逆流漂洗、固液分离后，利用篦冷机废气余热烘干，经气力输送到水泥窑尾烟室作为水泥原料煅烧。洗灰水经物化法沉淀去除重金属离子和钙镁离子，沉淀污泥烘干后与处理后飞灰一并进入水泥窑煅烧；沉淀池上部澄清液经多级过滤、蒸发结晶脱盐后全部回用于飞灰水洗。窑尾烟气经净化后达标排放。处理1 t飞灰的综合用水量为0.7～1.0 t。

2. 主要技术指标

飞灰经水洗处理可去除95%以上氯离子和70%以上钾钠离子，处理后飞灰中氯含量小于0.5%。

3. 技术特点

集成飞灰逆流漂洗、气流烘干、水泥窑高温煅烧以及洗灰水多级过滤、蒸发结晶等关键技术，实现焚烧飞灰的无害化、减量化和资源化。

举例：北京某科技公司设计运营处置生活垃圾焚烧飞灰7万t/a水泥窑协同处置生产

线，该技术主要包括飞灰水洗、污水处理、水泥窑协同处置3部分。飞灰水洗部分：飞灰从储仓中经计量后输送到搅拌罐中与计量好的水混合洗涤，料浆经固液分离设备后，进入气流烘干机，烘干机采用熟料篦冷机废气作为热源，在烘干机内，飞灰通过与热废气直接接触的方式进行烘干处理，最终形成预处理后飞灰，然后进入料仓作为水泥原料备用；滤液进入飞灰水洗液处理单元处理；污水处理部分：洗灰产生的滤液，即飞灰水洗液，除含有氯、钾、钠及重金属离子外，还有少量悬浮物，经物理沉淀后加入化学试剂将重金属离子和钙镁离子沉淀，钙镁污泥和含带重金属的少量污泥与飞灰一同经烘干机烘干后进入飞灰料仓；沉淀池上部的澄清液经粗滤及精滤后通过蒸发结晶工艺设备进行盐、水分离，冷却水作为清水回用于水洗飞灰部分；水泥窑协同处置部分：烘干后的飞灰和沉淀污泥，利用气力输送设备通过密封管道直接输送到 1 000 ℃的窑尾烟室，进入水泥窑煅烧。

（三）危险废物焚烧飞灰、炉渣配置式高温熔融资源化利用技术

1. 工艺路线及参数

危险废物焚烧炉渣先通过预处理设备进行磁选、破碎、干燥、粉碎，再与飞灰、石英砂等辅料进行配料、均匀混合后送入熔融炉上部料仓，料仓设有称重装置，其下方设有可调速螺旋给料器，可以按设定值向熔融炉内连续给料，熔融炉热源为天然气，顶部设有主燃烧器，炉床位置设有辅助燃烧器，熔融炉温度为350 ℃，物料在熔融炉内吸热熔融后，由出渣口落入熔融炉下部的水封刮板出渣机水中，出渣机冷渣水温＜50 ℃，经过水冷淬以玻璃体熔渣的形式连续排出，高温烟气经余热回收降温后由引风机送入 1 号线焚烧炉内，烟气经净化后达标排放。

2. 主要技术指标

危险废物焚烧飞灰、炉渣经配制式高温熔融后，玻璃含量＞85%，密度＞2.45 t/m^3，含水率＜1%，亲水系数＜1。

3. 技术特点

集成了危险废物焚烧飞灰、炉渣干燥、配料、高温熔融、水淬等关键技术，降低了熔融温度，减少熔融成本，保证了熔渣的高玻璃含量，产品更安全，实现危险废物焚烧飞灰、炉渣的无害化、减量化和资源化。

举例：上海某科技公司设计处置危险废物焚烧飞灰、炉渣 7 200 t/a 的资源化利用项目，该技术主要包括炉渣预处理、配料、高温熔融 3 部分，炉渣预处理部分：将刮板出渣机出来的炉渣通过破碎、磁选和链板输送入干燥机内干燥，干燥后的炉渣通过破碎、磁选、筛分后送到球磨机进行粉碎，粉碎后的干粉炉渣由气力输送到渣粉仓；配料部分：配料系统由渣粉仓、飞灰仓、若干辅料仓组成，料仓下部有螺旋给料机，料仓中的物料

按设定数量送入称重仓内，通过称重计量后送入混料机内均匀混合，混合后的物料送入熔融炉顶部料仓内；高温熔融部分：熔融炉顶部料仓设有称重装置，下方设有可调速螺旋给料器，可以按设定值向熔融炉内连续给料，熔融炉热源为天然气，顶部设有主燃烧器，炉床位置设有辅助燃烧器，物料在熔融炉内吸热熔融后，由出渣口落入熔融炉下部的水封刮板出渣机水中，经过水冷淬以玻璃体熔渣的形式连续排出，高温烟气经余热回收降温后由引风机送入 1 号线焚烧炉内，净化后达标排放。

第三节　危险废物无害化处置

一、填埋

（一）柔性填埋场

柔性填埋场是采用双人工复合衬层作为防渗层的填埋处置设施（图 5-1），由两层人工合成材料衬层与黏土衬层组成，是目前危险废物填埋场的主要构造。

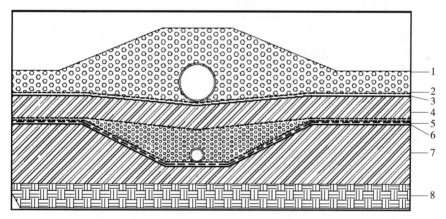

1—渗滤液导排层；2—保护层；3—主人工衬层（HDPE）；4—压实黏土衬层；5—渗漏检测层；
6—次人工衬层（HDPE）；7—压实黏土衬层；8—基础层。

图 5-1　双人工复合衬层系统

1. 基本构造

渗滤液导排层的坡度不宜小于 2%，渗滤液导排系统的导排效果要保证人工衬层之上的渗滤液深度不大于 30.0 cm。双人工复合衬层中的人工合成材料采用高密度聚乙烯膜时应满足《垃圾填埋场用高密度聚乙烯土工膜》（CJ/T 234）规定的技术指标要求，并且厚度不小于 2.0 mm；双人工复合衬层中的黏土衬层的主衬层应具有厚度不小于 0.3 m，且其被压实、人工改性等措施后的饱和渗透系数小于 1.0×10^{-7} cm/s 的黏土衬层；次衬层应具有厚度不小于 0.5 m，且其被压实、人工改性等措施后的饱和渗透系数小于 1.0×10^{-7} cm/s 的黏土衬层。渗漏检测层渗透系数应大于 0.1 cm/s。填埋场场址天然基础层的饱和渗透系数不应大于 1.0×10^{-5} cm/s，且其厚度不应小于 2.0 m，刚性填埋场除外。

2. 优、缺点

有造价低、技术相对成熟、操作简便等优点；存在对地质条件要求较高，入场废物受限，且大部分废物需做预处理，渗漏污染控制极其困难，对建设质量和运行管理要求极高，发现渗漏困难，修复难度较大，回取利用困难，后期费用（包括维护费用、修复费用、退役后管理费用等）极高等缺点。

（二）刚性填埋场

刚性填埋场是采用钢筋混凝土作为防渗阻隔结构的填埋处置设施（图 5-2），以钢筋混凝土作为框架和基础防渗结构，配合有机合成材料作为防渗构造。

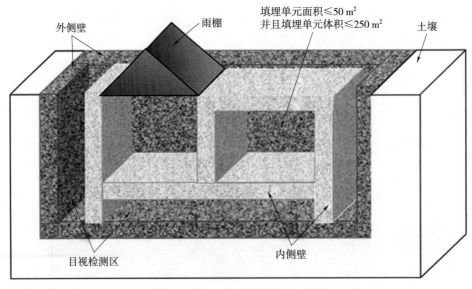

图 5-2 刚性填埋场示意图（地下）

1. 基本构造

刚性填埋场钢筋混凝土的设计应符合《混凝土结构设计规范》（GB 50010）的相关规定，防水等级应符合《地下工程防水技术规范》（GB 50108）一级防水标准；钢筋混凝土与废物接触的面上应覆有防渗、防腐材料；钢筋混凝土抗压强度不低于 25 N/mm^2，厚度不小于 35 cm；应设计成若干独立对称的填埋单元，每个填埋单元面积不得超过 50 m^2 且容积不得超过 250 m^3；填埋结构应设置雨棚，杜绝雨水进入；在人工目视条件下能观察到填埋单元的破损和渗漏情况，并能及时进行修补。

2. 优、缺点

有地质条件的限制较小，渗漏污染控制难度较小，入场废物指标要求较小，后期管理难度较小，有利于回取利用，且预处理要求低，建设难度和运行管理要求低等优点；存在建设成本较高，规范不成熟等缺点。

二、焚烧

危险废物焚烧处置技术适用于处置有机成分多、热值高的危险废物，处置危险废物的形态可为固态、液态和气态，但含汞废物不适宜采用焚烧技术进行处置，爆炸性废物必须经过合适的预处理技术消除其反应性后再进行焚烧处置，或者采用专门设计的焚烧炉进行处置。

（一）回转窑焚烧

回转窑可处置的危险废物包括有机蒸汽、高浓度有机废液、液态有机废物、粒状均匀废物、非均匀的松散废物、低熔点废物、含易燃组分的有机废物、未经处理的粗大而散装的废物、含卤化芳烃废物、有机污泥等；主要的焚烧处置工艺为：回转窑＋二燃室＋烟气净化系统（余热锅炉＋急冷＋干法脱酸＋活性炭吸附＋布袋除尘＋湿式洗涤除雾＋烟气加热）。

1. 焚烧系统

（a）回转窑　　　　　　　　　　　　　　（b）二燃室

图 5-3　焚烧系统部分

焚烧系统由回转窑和二燃室组成。回转窑采用顺流式，危险废物从回转窑窑头进入，助燃的空气由窑头进入，随着窑体的转动缓慢地向尾部移动，完成干燥、燃烧、燃烬的全过程，回转窑运行温度为 850～1 000 ℃。炉渣由窑尾部排出，烟气由窑尾进入二燃室，烟气中的有害物质进一步完全燃烧，二燃室运行温度≥1 100 ℃，停留时间大于 2 s。

2. 烟气净化处理系统

（a）急冷塔　　　　　　　　　　　　　　（b）脱酸塔

（c）布袋除尘器

图 5-4　烟气净化处理系统部分

二燃室排放的高温烟气先经余热锅炉热交换和蒸汽回用，锅炉出口烟气温度为550～650℃；通过急冷塔1 s内降温至200℃以下，抑制二噁英的再合成，同时脱除烟气中的部分重金属和飞灰；通过脱酸塔去除烟气中的酸性气体；再经活性炭吸附去除二噁英和重金属等污染物；经布袋除尘去除粉尘，洗涤除雾塔进一步去除烟气中的酸性气体，洗涤后烟气出口温度约70℃，为防止烟雾的形成，通过加热器将烟气升温至105℃后通过烟囱排放。

3. 产排污情况

焚烧系统废气经净化处理系统处理后排放。废水排入厂区污水处理系统，消毒清洗废水经消毒（消毒接触时间不低于1.5 h，总余氯量＞6.5 mg/L）后排入场区内的污水处理系统处理后外排或回用。炉渣由回转窑窑尾排出，产排比为10%～30%，焚烧残渣热灼减率＜5%，经检测达标后安全填埋；飞灰由出灰系统排出，产排比为2%～8%，经稳定化/固化、养护并检测合格后安全填埋。

4. 优、缺点

适合处理各种类型、性状的危险废物，包括固态、半固态、液态、气态。自动化程度高，可以实现24 h连续运行，有利于组织"3T"（停留时间、温度和湍流度）燃烧，有害成分破除率高，给料周期短，停留时间短，燃烧稳定，炉渣产生量相对较少，烟气能够稳定达标排放且排放浓度低，适合处理较大规模的危险废物量，特别适合处理30 t/d以上规模的危险废物量；但存在起初投资高，投资回收率低，维修费用高、油耗量大，运行成本高。中小规模的装置，处理成本增加等缺点。

（二）热解焚烧

热解炉主要用于处置有机物含量高的危险废物，工艺为：热解炉＋燃烧炉＋烟气经净化处理系统（余热锅炉＋急冷塔＋中和吸收塔＋布袋除尘器＋洗涤塔＋烟囱）。

1. 焚烧系统

危险废物通过提升机一次性投入热解炉内，炉内危险废物在缺氧条件下热解气化，废物中长链有机化合物断裂，迅速裂解成短链的可燃气体（碳氢化合物、一氧化碳、氢气等）。危险废物在炉内干燥预热区（100℃）干燥后，下降到热分解区（200～700℃）进行热分解，残留碳化物继续下降，在燃烧气化区（800～1 000℃）进一步气化，焚烧时长约15 h。热解炉生成的可燃气体排入燃烧炉高温过氧燃烧，热分解有害气体，运行温度为1 100℃以上，停留时间大于2 s。

（a）气化炉　　　　　　　　　　　　　（b）燃烧炉

图 5-5　焚烧系统部分

2. 烟气净化处理系统

燃烧炉排放的高温烟气先经余热锅炉回收热能，通过急冷塔降温至 200℃以下，抑制二噁英的再合成，并喷入适量的高浓度碱液进行脱酸，去除大部分酸性气体。后经中和吸附塔脱酸，吸附二噁英和重金属等有害物质，经布袋除尘器去除粉尘，并通过洗涤除雾塔再次去除烟气中的酸性气体，处理后烟气通过烟囱达标排放。

3. 产排污情况

焚烧系统废气经净化处理系统处理后排放。焚烧系统产生的废水，引入物化车间处理后回用或外排；清洗消毒废水消毒后（总余氯量＞6.5 mg/L）经物化车间处理后回用或外排。焚烧残渣热灼减率＜5%，炉渣产排比为 15%～30%，收集贮存后转移填埋处置；飞灰由出灰系统排出，产排比为 0.6%～5%，收集贮存后转移填埋处置。

4. 优、缺点

初期投资少，管理方便、耗能少，运行成本低、维修方便；但存在给料周期长，焚烧时间长，适合单独处理医疗废物等热值相对高、性质相对单一的危险废物，且适合处理规模较小的危险废物量，特别适合 30 t/d 以下危险废物焚烧炉。处理较大量危险废物时，炉膛受限，热解气路受阻，处理效果较差，且可能会产生轻微爆气问题等缺点。

表 5-2　回转窑焚烧技术和热解焚烧技术对比

对比项目	回转窑焚烧技术	热解炉焚烧技术
运行历史	发展时间较长，在危险废物统筹处置方面广泛应用	20 世纪 70 年代开始发展，危险废物处置方面有成熟经验
焚烧方式	通过炉体旋转对废物进行搅动，实现彻底燃烧	分级燃烧，通过控制空气量控制炉膛燃烧工况，合理分配化学能的释放

对比项目	回转窑焚烧技术	热解炉焚烧技术
处置废物种类	种类多，包括固体、液体、气体等危险废物和医疗废物	更适合单独处置医疗废物
燃烧机理	废物在回转窑内过氧高温充分燃烧，烟气经二燃室再燃烧	废物在热解炉内缺氧干燥热解成可燃气体和以碳为主的固体残渣，可燃气体经二燃室完全燃烧，残渣熔融后排出
主反应区温度	≥850℃	分区 100～1 000℃
主反应区焚烧时长	0.5～2 h	约 15 h
炉渣产排比	10%～30%	15%～30%
飞灰产排比	2%～8%	0.6%～5%
耗能状况	较高	较低，90% 时间为自燃
燃烧工况	可实现"3T"燃烧，窑体旋转实现很好的搅拌，燃烧最为稳定	炉型相对紧凑，燃烧性能基本稳定
自动化程度	最高	高
维修	维修略多，维修费用高	维修方便，维修量少，费用省
适用范围	适合处理较大规模的危险废物量，特别是 30 t/d 以上规模的危险废物量	适合 30 t/d 以下危险废物焚烧炉，处理量大时，炉膛受限，处理效果较差

三、水泥窑协同处置

水泥窑协同处置危险废物，是指将满足或经预处理后满足入窑（磨）要求的危险废物投入水泥窑或水泥磨，在进行熟料或水泥生产的同时，实现对危险废物的无害化处置的过程。其生产过程中通过高温焚烧及水泥熟料矿物化、高温烧结实现危险废物毒害特性分解、降解、消除、惰性化、稳定化等目的。

（一）工艺

危险废物协同处置过程需经预处理，满足入窑要求后，通过输送投加设备进入水泥窑焚烧，经过预处理后的固态、半固态、液态以及粉状危险废物再通过输送设备分别经水泥窑生料磨、窑尾烟室、分解炉、窑头主燃烧器等处送入窑内处置。危险废物有机组分经高温焚毁，无机组分在窑内高温液相的环境下经煅烧、烧结、冷却固化于水泥熟料中，燃烧后的烟气通过脱硝处理、余热锅炉、增湿塔、除尘器后达标外排。

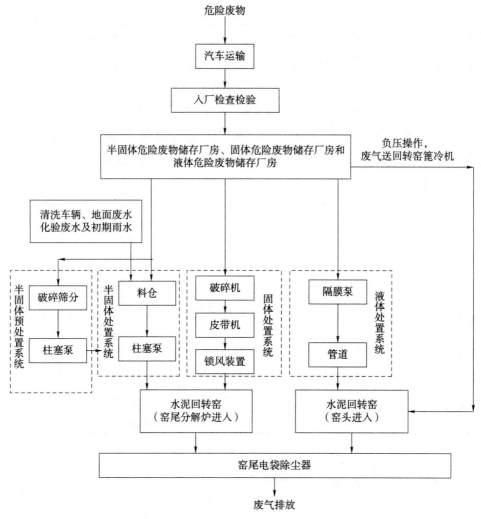

图 5-6　水泥窑协同处置危废工艺总流程

（二）预处理

预处理是指为了满足水泥窑协同处置要求，对危险废物进行干燥、破碎、筛分、中和、配伍、搅拌、混合、均化等前处理的过程。预处理过程，将根据入厂危险废物的分析检测，对物料进行合理的配伍，并按照《水泥窑协同处置固体废物污染物控制标准》（GB 30485）、《水泥窑协同处置固体废物环境保护技术规范》（HJ 662）、《水泥窑协同处置固体废物技术规范》（GB 30760）等标准规范中危险废物容量以及有害物质限值要求，经计算制定入窑投加方案，再通过调节定量送料设备的参数来控制有害物质、元素投加速率、投加量。

（三）入窑投加

危险废物入窑投加点主要有窑门罩、主燃烧、分解炉、窑尾烟室、上升烟道、生料磨等。非挥发性固态危险废物一般从生料磨投加，挥发性固体、半固体一般从窑尾烟室、分解炉投加，液体从窑头窑门罩投加，飞灰通过窑头主燃烧器投加。若危险废物中含有POPs、二噁英等难降解的有机物和重金属，则考虑从窑尾投加，确保重金属与硅酸盐充分反应，有机物也能得到有效破除。含水率高、块状形态的危险废物也优先考虑从窑尾投加。

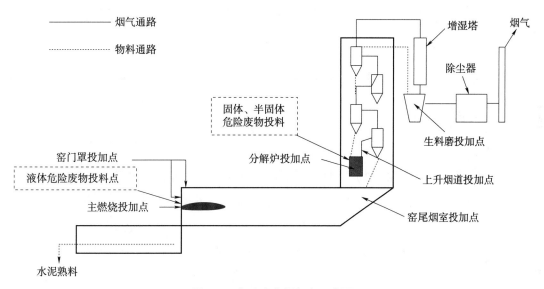

图 5-7　危险废物投加点示意图

（四）掺烧比例

水泥窑协同处置危险废物掺烧比例首先需满足最大容量、有害物质投加限值两者的要求，其次要根据水泥熟料产品质量及污染物排放浓度检测或监测结果的反馈，及时调整入窑投加比例。根据《水泥窑协同处置危险废物经营许可证审查指南（试行）》（2017），危险废物按照可燃性、液 / 固 / 半固态性质、挥发性等特性和形态，分别确定其可投加的最大质量占水泥数量生产能力比例，最多的类型掺烧不超过 15%（如不可燃的挥发性固态小颗粒），最少不超过 4%（如不可燃的挥发性固态大颗粒）。

举例：福建省水泥窑协同处置单位掺烧比例一般情况下远低于标准限值。

<table>
<tr><td colspan="7" align="center">表5-3 福建省水泥窑协同处置单位投加比例　　单位：%</td></tr>
<tr><td rowspan="4">设区市</td><td rowspan="4">企业名称</td><td colspan="5" align="center">一般工况下危险废物投加比例（水泥熟料最大生产能力占比）</td></tr>
<tr><td colspan="4" align="center">不可燃</td><td rowspan="3">可燃</td></tr>
<tr><td rowspan="2">液态</td><td rowspan="2">半固态</td><td colspan="2" align="center">固态</td></tr>
<tr><td>挥发性</td><td>非挥发性</td></tr>
<tr><td>泉州</td><td>德化海峡</td><td>—</td><td>—</td><td>—</td><td>0.5</td><td>—</td></tr>
<tr><td rowspan="4">三明</td><td>大田红狮</td><td>0.25</td><td>0.25</td><td>2</td><td>2</td><td>0.5</td></tr>
<tr><td>三明金牛</td><td>—</td><td>0.5</td><td>0.5</td><td>3</td><td>—</td></tr>
<tr><td>三明海中</td><td>0.2</td><td>0.8</td><td>1</td><td>2.6</td><td>1</td></tr>
<tr><td>将乐金牛</td><td>—</td><td>—</td><td>—</td><td>0.5</td><td>—</td></tr>
<tr><td rowspan="2">龙岩</td><td>龙麟水泥</td><td>1</td><td>1.2</td><td>0.8</td><td>1</td><td>1.5</td></tr>
<tr><td>漳平红狮</td><td>6</td><td>3</td><td>3.5</td><td>12</td><td>11</td></tr>
</table>

（五）优、缺点

1. 优点

焚烧温度高，水泥窑内物料温度一般高于1 450℃，气体温度则高于1 750℃，废物中有机物将产生彻底的分解；废物在水泥窑高温状态下持续时间长。物料从窑头到窑尾总停留时间在40 min左右；气体在温度高于950℃以上的停留时间在8 s以上，高于1 300℃以上停留时间大于3 s；焚烧状态稳定，回转窑金属筒体、窑内砌筑的耐火砖以及在烧成带形成的结皮和待煅烧的物料组成，使得系统热惯性增大，不会因为废物投入量和性质的变化，造成大的温度波动；良好的湍流，水泥窑内高温气体与物料流动方向相反，湍流强烈，有利于气、固相的混合、传热、传质、分解、化合、扩散；碱性的环境气氛，生产水泥采用的原料成分决定了回转窑内是碱性气氛，水泥窑内的碱性物质可以和废物中的酸性物质中和为稳定的盐类，有效抑制酸性物质的排放。

2. 缺点

预处理与配伍要求高，协同处置对于不同形态下危险废物性质有较高要求，若预处理不能满足要求，将会造成危险废物处置不彻底，污染物排放超标、水泥质量不达标等问题；有害物质投加限制严苛，为避免有害物质过度累积影响窑系统，对于Hg、Tl、Pb、Cd、As和碱金属氯化物、碱金属硫酸盐等挥发性元素均有严格的入窑投加限值，对于不同位置投加的元素限值也有不同要求；含氯较高的飞灰等废物处置难，因含氯高，水泥窑仅允许极少量投加生活垃圾焚烧飞灰，大多数水泥窑协同项目也由于成本因素，未投产建设飞灰水洗预处理设施；水泥窑系统运维要求高。水泥窑协同处置系统较危险废物焚烧系统复杂，运维专业化程度高，需要水泥生产、危险废物处置等专业人才组成团队保障其稳定运行，设备繁多、操作复杂导致运维成本较高；熟料产品的环境安全性待研究。就原理而言，其过程一定程度存在对 Hg、Cd、Cr、Pb 等重金属离子的稀释（进入熟料产品）和转移（尾气排放），熟料产品在不同环境介质中，浸出效果、安全固化年限尚需进一步研究论证。由于缺乏强制性要求，协同处置生产的水泥熟料的定期的专业的质量检测也往往缺失。

第四节　"无废城市"理念下危险废物的管理

一、"无废城市"建设工作方案

为探索建立固体废物产生强度低、循环利用水平高、填埋处置量少、环境风险小的长效体制机制，推进固体废物领域治理体系和治理能力现代化，2018 年年初，中央深改委将"无废城市"建设试点工作列入年度工作要点；同年 12 月，国务院办公厅印发《"无废城市"建设试点工作方案》，"无废城市"建设试点工作正式启动。生态环境部会同国家发展和改革委员会等 18 个部门和单位，指导深圳等 11 个城市和雄安新区等 5 个特殊地区扎实推进试点工作，取得良好成效。

"十四五"时期是拓展和深化"无废城市"建设的关键时期，在总结前期试点工作的经验基础上，"十四五"时期"无废城市"建设的工作思路和目标是：深入贯彻习近平生态文明思想，立足新发展阶段、贯彻新发展理念、构建新发展格局、推动高质量发展，统筹城市发展与固体废物管理，坚持"三化"原则、聚焦减污降碳协同增效，推动 100 个左右地级及以上城市开展"无废城市"建设。到 2025 年，"无废城市"固体废物产生强度较快下降，综合利用水平显著提升，无害化处置能力有效保障，减污降碳协同增效作用充分发挥，基本实现固体废物管理信息"一张网"，"无废"理念得到广泛认同，固体废物治理体系和治理能力得到明显提升。

二、"无废城市"建设指标体系

为指导城市做好"无废城市"建设工作，推动城市大幅减少固体废物产生量、促进固体废物的综合利用、降低固体废物的危害性，最大限度降低固体废物填埋量，稳步提升固体废物治理体系和治理能力，生态环境部制定《"无废城市"建设指标体系（2021 年版）》。

该指标体系以创新、协调、绿色、开放、共享的发展理念为引领，坚持科学性、系统性、可操作性和前瞻性原则进行设计，由 5 个一级指标、17 个二级指标和 58 个三级指标组成。

在该指标体系内，与危险废物管理密切相关的必选三级指标包括工业危险废物产生强度、通过清洁生产审核评估企业占比、工业危险废物综合利用率、工业危险废物填埋处置量下降幅度、医疗废物收集处置体系覆盖率、固体废物环境污染刑事案件立案率。

可选三级指标包括社会源危险废物收集处置体系覆盖率、危险废物经营单位环境污染责任保险覆盖率、危险废物规范化管理抽查合格率、涉固体废物信访、投诉、举报案件办结率、固体废物环境污染案件开展生态环境损害赔偿工作的覆盖率。

三、"无废城市"建设的具体实践

2019 年以来，生态环境部会同国家发展和改革委员会等 18 个部门和单位，指导深圳等 11 个城市和雄安新区等 5 个特殊地区扎实推进试点工作。截至 2020 年年底，试点共完成改革任务 850 项、工程项目 422 项，形成一批可推广示范模式。

（1）在工业绿色生产方面，通过优化产业结构、提升工业绿色制造水平，积极推动工业固体废物减量化与资源化。包头市统筹推进钢铁、电力等产业结构调整，不断提高资源能源利用效率，工业固体废物产生强度一年降低了 4%。铜陵市、盘锦市、瑞金市等地通过"无废矿山""无废油田"建设、废弃矿山生态修复从源头减少了工业固体废物产生量，将废弃矿山变成"绿水青山"，通过发展旅游观光，又将其转化为"金山银山"。

（2）在农业绿色生产方面，通过与美丽乡村建设、农业现代化建设相融合，推动主要农业废弃物有效利用。徐州市开展秸秆高效还田及收储用一体多元化利用，许昌市"畜禽粪污－有机肥－农田"生态循环农业、西宁市"生态牧场"等模式，实现了秸秆、畜禽粪污高效利用。威海市推广多营养层生态养殖模式，建成 14 个国家级海洋牧场，推动浒苔、牡蛎壳等废物高值化利用。光泽县通过"无废农业""无废农村""无废圣农"建设，发展绿色生态产业、推进资源再生利用、实施清洁能源替代，助力全域实现碳中和目标。

（3）在践行绿色生活方式方面，通过宣传引导，探索城乡生活垃圾源头减量和资源化利用。中新天津生态城打造垃圾分类精品示范小区，探索垃圾计量收费机制，奖惩并用，倒逼源头减量。重庆市等试点城市积极创建"无废"学校、小区、景区、机关等"无废细胞"，建立评价标准，营造共建共享氛围，推动公众形成绿色生活方式。雄安新区编制"无废城市"系列教材，作为选修课全面纳入新区教育体系。

（4）在加强环境监管方面，通过信息化平台建设和制度创新，强化风险防控能力。

绍兴市打造"无废城市"信息化平台，统筹整合各类固体废物管理系统，对固体废物实行全周期管理。北京经开区开展危险废物的分级豁免管理尝试，探索实施"点对点"资源化利用机制。三亚市通过制度引领、源头减量、海陆统筹、公众参与以及国际合作等多种举措，逐步形成"白色污染"综合治理模式。

【本章作者：林芳婧、陈进斌、许 翔、王兆龙、周立臻、许椐洋】

第六章

医疗废物管理与处置

医疗废物属于危险废物的一类，是医疗卫生机构在医疗、预防、保健以及其他相关活动中产生的具有直接或者间接感染性、毒性以及其他危害性的废物，还包括《医疗废物管理条例》规定的其他按照医疗废物管理和处置的废物。医疗废物分为感染性废物、病理性废物、损伤性废物、药物性废物和化学性废物，处置不当有可能引起病毒传播或相关公共卫生问题。新型冠状病毒肺炎疫情暴发以来，以感染性为主的医疗废物呈大幅增长，这也对环境管理提出了更加严格的要求，医疗废物能够及时、有序、高效、无害化处置是确保人民群众健康安全的重要保障。

第一节　管理要求

《关于印发强化危险废物监管和利用处置能力改革实施方案的通知》（国办函〔2021〕47号），要求到2022年年底，基本补齐医疗废物收集处理设施方面短板，县级以上城市建成区医疗废物无害化处置率达99%以上。鼓励发展移动式医疗废物处置设施，为偏远基层提供就地处置服务。加强医疗废物分类管理，做好源头分类，促进规范处置。《福建省强化危险废物监管和利用处置能力改革行动方案》的通知（闽环发〔2021〕11号），要求到2022年年底，基本补齐医疗废物收集处理设施方面短板，全省县级以上城市建成区医疗废物无害化处置率达到100%。提升市域内医疗废物处置能力，各设区市、平潭综合实验区应尽快建成至少一个符合运行要求的医疗废物集中处置设施。督促指导医疗卫生机构做好医疗废物源头分类管控，实行台账联单管理，促进规范处置，切实保障医疗废物及时安全处置。

一、工作分工

（一）医疗卫生机构

医疗卫生机构应当依法分类收集本单位产生的医疗废物，交由医疗废物集中处置单位处置。医疗卫生机构应当采取有效措施，防止医疗废物流失、泄漏、渗漏、扩散；应当建立、健全医疗废物管理责任制，其法定代表人为第一责任人，切实履行职责，防止因医疗废物导致传染病传播和环境污染事故。

（二）集中处置单位

医疗废物集中处置单位应当及时收集、运输和处置医疗废物。医疗废物集中处置单位应当采取有效措施，防止医疗废物流失、泄漏、渗漏、扩散；应当建立、健全医疗废物管理责任制，其法定代表人为第一责任人，切实履行职责，防止因医疗废物导致传染病传播和环境污染事故。从事医疗废物集中处置活动的单位，应当向县级以上人民政府环境保护行政主管部门申请领取经营许可证。

（三）卫生健康主管部门

县级以上各级人民政府卫生健康主管部门，对医疗废物收集、运输、贮存、处置活动中的疾病防治工作实施统一监督管理；应当依照《医疗废物管理条例》的规定，按照职责分工，对医疗卫生机构和医疗废物集中处置单位进行监督检查，对医疗卫生机构和医疗废物集中处置单位从事医疗废物的收集、运输、贮存、处置过程中的疾病防治工作，以及工作人员的卫生防护等情况进行定期监督检查或者不定期的抽查。

（四）生态环境主管部门

县级以上各级人民政府生态环境主管部门，对医疗废物收集、运输、贮存、处置活动中的环境污染防治工作实施统一监督管理；应当依照《医疗废物管理条例》的规定，按照职责分工，对医疗卫生机构和医疗废物集中处置单位进行监督检查，应当对医疗卫生机构和医疗废物集中处置单位从事医疗废物收集、运输、贮存、处置过程中的环境污染防治工作进行定期监督检查或者不定期的抽查。

（五）地方人民政府

县级以上各级地方人民政府应当加强医疗废物集中处置能力建设。

重大传染病疫情等突发事件发生时，县级以上人民政府应当统筹协调医疗废物等危险废物收集、贮存、运输、处置等工作，保障所需的车辆、场地、处置设施和防护物资。卫生健康、生态环境、环境卫生、交通运输等主管部门应当协同配合，依法履行应急处置职责。

二、收集

完善"小箱进大箱"医疗废物收集机制。对尚不具备集中收集条件的偏远区域，鼓励地方政府通过委托第三方机构或政府购买服务等多种方式，集中收集小型医疗机构产生的医疗废物，并在规定时间内交由医疗废物集中处置单位进行安全处置，逐步实现各级各类医疗机构的医疗废物全覆盖全收集全处置。

（一）产生点位

门诊、急诊科、牙科、放射科、检验科、病理科、输液室、手术室、治疗室、化验室、病房等病区和药品仓库；产生病原体的培养基、标本和菌种、毒种保存液等高危险废物的实验室；隔离的传染病病人或者疑似传染病病人接触过或有可能感染过的区域。

（二）产生环节

胎盘、术后等的废弃人体组织、器官等处置处理过程；重大传染病确诊患者及疑似患者在门诊、病区（房）、集中隔离观察点等产生的废弃物；发生医疗废物及其他危险废物流失、泄漏、扩散过程；术后用品、过期药物、化学实验品、使用过的针头和手术刀等处置处理过程；废弃的一般性药物，废弃的细胞毒性和遗传毒性药物，废弃的疫苗及血液制品等药物性废物处理处置过程；列入《国家危险废物名录》中的废弃危险化学品，如甲醛、二甲苯等，及非特定行业来源的危险废物，如含汞血压计、含汞体温计，废弃的牙科汞合金材料及其残余物等化学性废物处置处理过程。

（三）规范收集

根据《医疗废物分类目录》对医疗废物进行分类，按医疗废物的类别，将医疗废物分置于规定的包装物或者容器内；要确保医疗废物包装物或容器无破损、渗漏和其他缺陷后可盛装医疗废物；盛装医疗废物达到包装物或者容器的3/4时，应当使用有效的封口方式，使包装物或者容器的封口紧实、严密；隔离或疑似的传染病病人产生的医疗废物应当使用双层包装物，并及时密封；放入包装物或者容器内的医疗废物不得再取出；医疗废物中含病原体的标本和相关保存液等高危险废物，应当在产生地点进行压力蒸汽灭菌或者化学消毒处理，后按照感染性废物收集处理。

三、包装

医疗废物专用包装袋、利器盒的外表面应当有专门警示标识，在盛装医疗废物前，应当进行认真检查，确保其无破损、无渗漏；每个包装袋、利器盒应当系有或粘贴中文标签，标签内容包括：医疗废物产生单位、产生部门、产生日期、类别；采用鹅颈结式封口，分层封扎；盛装医疗废物的包装袋和利器盒的外表面被感染性废物污染时，应当增加一层包装袋。若发现盛放医疗废物的容器或包装物存在破损、渗漏现象，应立即更换并做相应的消毒处理。不得将破损的医疗废物包装容器作为普通生活垃圾遗弃，破损后的包装容器应与医疗废物一同处置。

四、贮存

医疗卫生机构应当设立医疗废物暂时贮存区域，不得露天存放医疗废物；医疗废物的场所选址应远离医疗区、食品加工区、人员活动区和生活垃圾存放场所，且便于医疗废物运送人员及运送工具、车辆的出入；应设置专（兼）职人员管理，在贮存区设置醒目的医疗废物和"禁止吸烟、饮食"的警示标识，防止非工作人员接触医疗废物；贮存区域应具有严格的污染防范措施，包括严密的封闭措施，避免阳光直射，防止渗漏和雨水冲刷；有防鼠、防蚊蝇、防蟑螂的安全措施；医疗废物暂时贮存的时间不得超过2天，每次医疗废物外委处置的转移结束后，及时对暂时贮存区域进行清洗和消毒；每天 2 次，用 1 000 mg/L 的含氯消毒液对医疗废物暂存处地面进行消毒。

五、转运

医疗废物运输、处置单位应配备数量充足、符合规范的收集、转运周转设施和具备相关资质的车辆；鼓励使用智能化周转箱；医疗废物运输车辆应按照《医疗废物转运车技术要求（试行）》（GB 19217）的要求做好规范化改造，重点配备冷藏和卫星定位等设施；建立医疗废物运输车辆备案制度，划定"点对点"常备通行路线，实现医疗废物运输车辆规范有序、安全便捷通行。

六、处置

医疗废物处置技术一般分为焚烧技术和非焚烧技术。焚烧技术主要包括回转窑焚烧技术和热解焚烧技术，非焚烧技术主要包括高压蒸汽、化学消毒技术和微波消毒技术等。

（一）回转窑焚烧技术

回转窑焚烧处置工艺（详见第五章第四节），处置类别包括工业危险废物和医疗废物。医疗废物和助燃的空气从窑头进入，随着窑体的转动缓慢地向尾部移动，完成干燥、燃烧、燃烬的全过程。炉渣由窑尾部排出，烟气由窑尾进入二燃室完全燃烧后进入烟气净化系统处理排放。

（二）热解焚烧技术

热解焚烧处置工艺（详见第五章第四节），主要以处置医疗废物为主。医疗废物通过提升机一次性投入热解炉内，炉内医疗废物在缺氧条件下热解气化，医疗废物中长链有机化合物断裂，迅速裂解成短链的可燃气体（碳氢化合物、一氧化碳、氢气等）。热解炉生成的可燃气体排入燃烧炉高温过氧燃烧，热分解有害气体。烟气经燃烧炉后排入净化处理系统处理后排放。

（三）高压蒸汽技术

高压蒸汽技术的基本原理是利用高温高压蒸汽破坏病原有机体，达到消毒处理的效果。主要包括灭菌处置系统、提升破碎系统及输送压缩系统 3 个系统。具有残留物危险性较低，消毒效果好，有效杀灭医疗废物中的各种病菌、病毒，避免二噁英等有害物的产生，适宜的处理范围较广，不需要进行前处理，技术环境风险一般，设备投资与运行费用较低；但存在处理过程会产生有毒废气和废液，易产生恶臭，造成空气污染等缺点。

（四）化学消毒技术

化学消毒技术是采用化学药剂对医疗废物进行消毒。主要包括接收贮存系统、化学消毒处理系统（含进料单元、破碎单元、化学消毒剂供给单元、消毒处理单元、出料单元和自动化控制设施）等。具有工艺设备和操作简单方便；除臭效果好；消毒过程迅速，一次性投资少，运行费用低。对于干式处理废物的减容率高、不会产生废液或废水及废气；但存在干式需要配合破碎处理一起使用，而湿式则会有废液和废气生成，消毒液对人体有害，环境风险较大等缺点。

（五）微波消毒技术

微波消毒技术是利用微波产生的热效应和非热效应，杀灭病菌，达到消毒效果。主要包括受料、供料系统和微波消毒处理系统（含进料单元、破碎单元、微波消毒处理单元、出料单元、自动化控制单元、废气处理单元和废水处理单元）等。具有消毒菌谱广，灭菌效率高、速度快、降低能耗、不产生二噁英，易操作、易维护、运行成本较低；但存在单台设备处理能力有一定限制等缺点。

（六）移动式医疗废物处置技术

对于国内大中城市来说，目前医疗废物处置行业相对成熟；而对于社区医院、城区门诊、农村诊所等小型医疗机构，分布面广或地处偏远，在收集、运输、处置环节存在一定困难，难以纳入城区医疗废物集中处置系统。有别于传统的医疗废物处理方式，一种"黑科技"——移动式医疗废物处置技术应运而生。移动式医疗废物处置技术，多以移动式医疗废物处置车、移动式医疗废物处置方舱形式出现，内部采用集约化的微波消毒、高温热解气化、高温蒸煮等处置工艺和脱酸、脱硝、除尘等净化工艺，具有快速、机动及应急等特性，可以直接开进医疗废物产生点进行就地处置，实现就地、无害化处置。此项技术不仅能省去分类收集后统一转运到集中点处置的过程，省时省力，还能避免工作人员在收集、装车、卸料、上料等过程中与医疗废物多次接触，降低风险。

第二节　涉疫医疗废物的管理与处置要求

新型冠状病毒肺炎暴发，产生了大量可能涉新型冠状病毒感染的肺炎疫情医疗废物。

为确保涉疫医疗废物及时安全处置，国家先后出台了一系列的指导性文件，精准指导全国从严管控涉疫医疗废物处置，坚决防控"最后一公里"疫情传播风险，切实保障人民健康和生态环境安全。

一、产生点位

诊疗新型冠状病毒感染的肺炎患者及疑似患者的定点医院/方舱医院（发热门诊）、病区（房）、临时隔离点、核酸检测采样点、检测机构、集中医学观察场所等。

二、收集

涉疫医疗废物收集过程要确保人员安全，控制感染风险。涉疫医疗废物在离开污染区前要对包装袋表面采用 1 000 mg/L 的含氯消毒液喷洒消毒（注意喷洒均匀）或在其外面加套一层医疗废物包装袋。

三、贮存

涉疫医疗废物贮存场所应当在远离医疗、食品加工、人员活动以及生活垃圾存放的区域单独设置，贮存场所有严密的封闭措施，安装有摄像头，有防雨、防淋、防渗漏和防昆虫、鼠、雀以及其他动物侵入、防盗以及预防儿童接触等安全措施，并设置明显医疗废物和"禁止吸烟、饮食"等标识牌、警戒线，安排专人管理，并做好进出台账登记，防止非工作人员接触医疗废物。涉疫医疗废物不能与一般医疗废物和生活垃圾混放、混装。用 1 000 mg/L 的含氯消毒液对医疗废物暂存处场所、有关物体表面进行消毒，每天至少两次。

四、运输

医疗废物运输单位应安排固定专用车辆（不得用压缩式垃圾运输车），由专人负责医疗废物的收集和转运，优先保障定点医疗卫生机构、集中医学观察场所、发热门诊等敏感区的涉疫医疗废物。对专用箱（桶）用 1 000 mg/L 含氯消毒液进行喷洒消毒处理后立即装车。每趟运输后的车辆要及时清洗、消毒，每次运送结束后，可用 1 000 mg/L 含氯消毒液对运送工具进行清洁和消毒。

五、处置

医疗废物集中处置单位要设置医疗废物特别是涉疫医疗废物处置的隔离区、人员通道，隔离区应有明显的标识，无关人员不得进入，隔离区必须由专人使用0.2%～0.5%过氧乙酸或1 000～2 000 mg/L含氯消毒剂等对墙壁、地面或物体表面喷洒或拖地消毒，每天至少2次。涉疫医疗废物贮存、处置区域要落实专区存放、专用通道、专人操作和闭环管理；严防交叉感染，坚决阻断疫情由物传人、再由人传人的各个环节。

接收的涉疫医疗废物应做到日产日清，涉疫医疗废物搬运应使用专用工具，尽可能采取机械作业，减少人员对其直接接触。对于无法立即焚烧却需暂存的涉疫医疗废物，要设置单独的封闭隔离区域，设置明显警示标志，暂存时间不超过12 h，并按规范对涉疫医疗废物堆放前和投料后的隔离区墙壁、地面等进行消毒，暂存超过6 h再消毒1次。

六、应急处置

县级以上地方人民政府应将医疗废物的收集、贮存、运输、处置等工作纳入重大传染病疫情领导指挥体系，制定应急处置预案，统筹组织医疗废物的应急处置，保障所需的车辆、场地、处置设施和防护物资。

（一）启动应急

医疗废物集中处置单位处置能力达80%警戒线时，应做好应急启动各项准备工作。接近或达到满负荷时，立即报告当地政府，并迅速启动应急处置预案。

举例：福建省应急处置企业对照启用、入厂医疗废物分类、设施、人员、车辆、物资、防护、制度和培训、应急演练9大要素30项措施清单做好前期准备工作。第1要素——启用手续：报告或报备当地政府部门同意；建立多部门联动会商机制；第2要素——入厂医疗废物分类：涉疫医疗废物明确标识，禁止入厂；普通医疗垃圾明确标识；定点医院和隔离观察点的涉疫生活垃圾消毒处理；第3要素——设施：设置人流和物流的出入口，医疗废物运输车辆从物流出入口进出；划定专门卸料接收区域、清洗消毒区域，增加必要防雨防淋、防泄漏措施；进料方式采用专门或相对固定输送上料设备；配备消毒喷淋系统或移动式消毒设备；配备消毒清洗废水收集系统，清洗废水接入污水处理系统；污水处理设施具备消毒工序；加强烟气处理设施运行管理，酌情增加石灰和活性炭投加量；设置弃用的个人防护用品固定收集点和设备；第4要素——人员：专业管理人员、固定操作人员；专用驾驶员和收运人员；第5要素——车辆：配置专用医疗废物运输车辆；应急车辆规范改装、报备；优化运输路线和时间，规避敏感区域；第6要素——物资：符合上料设备尺寸要求的医疗废物周转桶（箱）或一次性专包装容器；准备入炉焚烧物料配伍物资；废水、烟气处理药剂（消毒剂、石灰和活性炭等）；第7要素——防护：防护服、护目镜、口罩、防护靴、双层手套等个人防护用品；体温测量计；消毒药品和器具等相关消毒物资；第8要素——制度和培训：制定应急处置工作实施方案；落实值班值守制度；落实交接记录或联单制度；制定运行操作规程，完善标识；开展技术操作人员上岗培训；第9要素——应急演练：开展医疗废物应急处置过程应急演练。

（二）应急处置单位选择

当医疗废物集中处置单位的处置能力无法满足疫情期间医疗废物处置要求或出现其他特殊情况时，可采用其他应急医疗废物处置设施，提升临时医疗废物处置能力。备选应急处置单位选择顺序依次为生活垃圾焚烧处理企业、危险废物焚烧处置企业、水泥窑协同处置危险废物企业和移动式医疗废物处置设施等。

（三）收运处

医疗废物应急处置单位应针对医疗废物划定专门卸料接收区域、清洗消毒区等，原则上不得与其他车辆同时卸料。严禁采取破碎预处理或暴力抓取等破坏外包装的投料方式，进料方式宜采用专门输送上料设备，应做到随到随处置，应设置人流和物流的出入口，涉疫医疗废物运输车辆从物流出入口进出，并做到交通顺畅。

七、典型经验

（一）厦门市生态环境局疫情防控经验

（1）健全工作机制。一是协调明确高（中）风险区医疗废物和其他生活垃圾处置主体责任。明确高（中）风险区医疗废物由驿鸿负责收运至晖鸿公司进行处置，其他生活垃圾由市政环卫部门负责收运至海沧（东部）垃圾焚烧厂进行处置。二是协调明确隔离场所涉疫医疗废物污水处置各方责任。由市、区指挥部隔离场所组（文旅部门）牵头，场所内部医疗废物污水收集由市、区工作专班负责，生态环境部门负责场所外部涉疫医疗废物收运处置和污水消杀监管。三是协调明确方舱核酸检测实验室医疗废物处置责任。明确卫生健康部门为方舱实验室主管部门，第三方检测机构为责任主体，生态环境部门负责处置监管。三是协调明确临时核酸采样点医疗废物处置责任。明确各临时核酸采样点产生的医疗废物由所在区环卫部门或委托其他专业机构负责专人专车收运至晖鸿公司、

（东部、海沧）生活垃圾焚烧发电厂进行处置。

（2）制定规范规程。结合实际，制定规程，并根据上级文件精神及时调整完善。一是配合制定《厦门市入境隔离酒店管理规程》《厦门市涉疫冷链食品无害化处理规程》，明确涉疫医疗废物污水和阳性冷链食品处置要求。二是更新完善《厦门市应对新冠肺炎疫情医疗废物应急处置预案》《厦门市垃圾污水处置常态化疫情防控工作方案》《厦门市医疗废物应急收集转运处置接替方案》，进一步明确应急下涉疫医疗废物污水处置流程和工作要求。三是专项制定《隔离场所涉疫污水处置规程（试行）》《隔离场所涉疫污水自行监测技术要求（试行）》《集中隔离点医疗废物环境监管规程（试行）》《厦门国际健康驿站涉疫垃圾污水环境监管规程（试行）》等专门文件，明确各场所工作流程和监管要点。四是组织制定《厦门市垃圾污水处置组组织架构及职责分工》《厦门市涉疫垃圾污水应急处置方案》，明确医疗废物污水处置组相关工作职责要求。五是整理汇总《涉疫垃圾收运处置操作规程》《厦门市加强常态化疫情防控工作方案》等文件，印刷500本下发局系统各单位学习，转发《新冠肺炎国家防控方案第九版要点解读》《福建省生态环境系统常态化疫情防控应知应会（第二版）》至各单位认真学习。

（3）加强培训指导。一是开展内部培训。对局系统一线工作人员开展医疗废物污水处置培训，重点讲解新型冠状病毒肺炎疫情下，涉疫医疗废物污水的管理要求、监管要点和注意事项。二是开展在线培训。指导帮扶定点医院、隔离酒店等涉疫场所规范开展污水消杀和自行监测。三是开展电话帮扶。节假日期间组织人员对涉疫场所开展一轮电话帮扶指导，重点了解加药、余氯自测、人员入住、是否专人负责涉疫医疗废物污水处置等情况，指导重点场所规范处置涉疫医疗废物污水，确保外环境安全。四是组织现场指导。督促各涉疫场所落实污水消杀监测工作，协调卫健部门委派专家多次现场指导收运处置单位人员做好卫生防护工作。

（4）提升处置能力。一是纾解企业难题。积极与各方协调，提升收费标准，在前期提升入境隔离酒店涉疫医疗废物处置费用标准的基础上，推动其他隔离酒店参照执行；印发《厦门市生态环境局关于应对疫情影响进一步帮助市场主体纾困解难若干措施的通知》，制定了加大资金支持力度、简化涉疫项目环评、保障医疗废物处置能力等9大措施，并配套制定了各项措施的办事指南。二是加强处置监管。根据上级文件精神，通知晖鸿公司、东江公司和驿鸿公司加密核酸检测频次，并协调第三方核酸检测机构配合执行，协调卫生健康部门与厦门市生态环境局共同加强对东江公司和晖鸿公司涉疫医疗废物收运处置一线工作人员监管，督促处置单位严格落实高风险工作人员执行闭环管理要求。三是统筹处置能力。指导晖鸿公司和东江公司在适时完成设备检修，确保设备运转正常；督促东部、海沧垃圾焚烧发电厂划定涉疫医疗废物专用卸料通道与卸料口，与普通生活垃圾卸料通道及卸料口区分，优化涉疫医疗废物运输车辆行程路线，规划应急处置路线，开展应急处置演练。四是提升收运能力。督促驿鸿公司采购危险废物运输车并调配租赁车辆投入涉疫医疗废物运运；督促晖鸿公司继续增加周转箱采购；督促各区环卫部门建立和维护核酸检测医疗废物和高（中）风险区生活垃圾收运队伍，加强运力调度，制定和完善新型冠状病毒肺炎疫情下医疗废物应急收运预案和工作规程，加强日常培训，适时开展应急演练。

（5）强化督导整改。一是现场检查与远程督导相结合。局领导多次带队到现场检查指导厦门高崎健康驿站、方舱实验室等机构启用前的医疗废物污水处置设施建设情况，各驻区局聚焦涉疫重点场所，坚持新设场所必查，利用生态云平台对处置单位、定点医院、发热门诊进行视频调度，通过固体废物管理信息系统对申报转运情况进行统计复核。二是自行监测与监督监测相结合。督促责任单位对涉疫污水每日自行监测不少于2次，并及时同步数据；委托第三方检测机构每周监测1次，组织省市环境监测站不定期抽测。三是专项督导和全面检查相结合。通过联合市卫健委牵头开展医疗废物污水处置专项督导、督导督办组现场督导检查、各驻区局日常全面督导等方式，重点核查涉疫医疗废物污水管理情况、收运处置情况和新启用隔离场所的准备情况。四是发现问题与督促整改相结合。对本级督导发现的问题，第一时间交由责任单位立整立改；对上级督导反馈的问题，主动认领、分解立项，抓好整改落实。

（二）泉州市生态环境局疫情防控经验

"1234"工作法全面做好疫情期间医疗废物应急处置。泉州市生态环境局在多轮疫情实战中不断完善防控措施，建立疫情防控"平急一体化"工作机制，并形成"1234"战时工作法，全面做好疫情期间医疗废物应急处置工作，守住了疫情防控的"最后一道防线"。"1"是建立健全一个领导机构，即组建涉疫医疗废物污水处置工作专班；"2"是明确两层责任，即明确政府部门监管责任和产生、收集、运输、处置单位主体责任；"3"是建立三项机制，即建立分类分级及区域协同处置机制、"四定"（定点、定岗、定人、定规矩）工作机制和专项督导机制；"4"是突出四个环节，即突出应急谋划、安全防护、帮扶指导、信息化管理等环节。

（1）建立"一个机构"。成立泉州市生态环境局涉疫医疗废物污水处置工作专班，主要领导任总召集人，分管领导任副总召集人，成员由局监测综合科、水科、执法支队、固化中心负责人组成，强化全市涉疫医疗废物污水处置工作的日常督导、综合调度、分析研判，督导帮扶推动各类问题整改。同时建立泉州市生态环境局疫情防控"平急一体化"工作机制，按照组织机构、医疗废物、涉疫污水、环境监测、现场检查及人员管控6个方面，明确细化平、战时生态环境部门各单位职责任务和具体工作要求。

（2）明确"两层责任"。一是明确政府部门责任。联合市卫健委推动市防指办出台

《关于进一步加强全市涉疫垃圾和医疗废物处置工作的紧急通知》《关于协助市医废处置中心应急处置涉疫医疗废物的紧急通知》《关于做好涉疫生活垃圾和医疗废物处置工作的通知》等多份文件，要求各地在本级人民政府统一领导下，统筹协调辖区医疗废物收集、贮存、运输、处置等工作，保障所需车辆、场地、处置设施和防护物资，卫健、城管（环卫）、生态环境、交通等部门协同组织做好涉疫生活垃圾、涉疫医疗废物、一般医疗废物应急处置工作，进一步压实属地责任，明确部门职责，如晋江市制定了《疫情期间健康管理中心医疗废物及涉疫生活垃圾应急处置实施方案》《晋江瀚蓝公司协调处置涉疫生活垃圾工作流程》等。二是明确医疗废物产生、收集、运输、处置单位主体责任。医疗卫生机构、隔离观察点、核酸检测点等医疗废物产生单位依法分类收集产生的医疗废物，严格落实"四集中"（集中收集、存放、消毒、处置），做到"六专"管理（配发专袋、设置专桶、专人收集、专业消毒、专车运输、专门处置），应收尽收。医疗废物应急处置单位落实主体责任，规范处置流程，及时优先保障处置医疗废物，做到日收日清。应急处置期间，新增第三方专业运输公司（如小箱进大箱收集企业），按照"村收、镇集、县运输"的收集途径，加强医疗废物收集、运输能力。

（3）建立"三项机制"。一是建立分类分级及区域协同处置机制。疫情期间，加强分析研判，先后启用 5 家生活垃圾焚烧厂和 1 家危险废物焚烧厂作为应急处置设施，按涉疫医疗废物、一般医疗废物、涉疫生活垃圾 3 类应急处置，保障医疗废物安全处置到位。泉州市医疗废物处置中心优先收集处置高感染性的涉疫医疗废物及处置中心城区一般医疗废物及涉疫生活垃圾。石狮市、晋江市、南安市、惠安市、安溪市 5 座生活垃圾焚烧厂保障在收集处置辖区一般医疗废物和涉疫生活垃圾外，开展分片挂钩，区域协同处置。二是建立"四定"工作机制。印发实施《泉州市生态环境局关于进一步加强涉疫垃圾污水处置环境监督检查的通知》等文件，要求各地生态环境部门加强全市重点单位疫情生态环境"四定"工作机制，统筹辖区力量，进一步强化工作专班，从严从实抓好疫情环境风险敏感防控点的涉疫医疗废物污水管理和环保设施运行情况以及生活污水处理厂、生活垃圾焚烧厂等环境监管，筑牢安全防线。三是建立工作督导机制。第一时间成立疫情防控现场帮扶专班，制定《疫情防控现场帮扶工作方案》，发挥党员先锋模范作用，组织对全市重点涉疫场所，特别是丰泽区、鲤城区、洛江区、台商区等地医疗废物处置单位、涉外机场、涉外码头、定点医院、集中隔离观察点等涉疫场所，开展疫情防控督导帮扶。

（4）突出"四个环节"。一是突出应急谋划环节。指导市医疗废物处置中心落实常态化医疗废物集中收集、规范处置工作。督促指导全市 6 个医疗废物应急处置点按照《福建省涉疫医疗废物应急处置设施运行管理规程》（2022 年修订版），开展"九个方面三十条要求"的自评，适时进行应急演练，确保可随时按程序启用应急处置工作，并加强全过程运行管理。疫情期间，及时激活战时工作机制，调度全市重点涉疫场所名单生态环境"四定"、方舱医院涉疫医疗废物污水处置、重点涉疫场所医疗废物贮存及医疗废物处置单位（含应急处置单位）处置情况，全面了解掌握全市医疗废物产生、收集、贮存、运输、处置情况，做到心中有数。二是突出帮扶指导环节。按照《新型冠状病毒感染的肺炎疫情医疗废物应急处置管理与技术指南》的要求，落实做好疫情期间医疗废物可送危险废物焚烧设施、生活垃圾焚烧设施应急处置的有关国家、省等政策指导。市涉疫医疗废物污水专班多次主动深入医疗废物应急处置点，现场帮扶、指导各项涉疫医疗废物处置规范化操作流程，协调推动应急处置过程中各类问题解决，保障全市医疗废物应急处置工作无缝衔接。三是突出安全防护环节。泉州市医疗废物处置中心强化个人防护、预防院内感染、注重人、物、环境同防。同时，邀请泉州市院感中心、市疾控中心专家为应急处置单位一线人员培训个人防护知识、防护用品穿戴要求、消毒消杀技能等，切实提升防护效果。应急处置单位严格按照"专人、专车、专炉"和既定时间安排医疗废物运输和卸料，车辆通过专用通道入场卸料，由运输单位将垃圾桶搬运到抓斗后直接投入焚烧炉焚烧，不进入料坑，其间加强对车辆、卸料区的消毒消杀。整个处置过程涉疫生活垃圾不滞留确保连续性，且处置单位操作人员零接触，任务完成后还应对防护物品进行集中消毒后并通过抓斗将防护物品直接投入焚烧炉焚烧。同时，参与人员按高风险人员要求做好核酸检测。四是突出信息化管理环节。推进医疗卫生机构危险废物信息化监管工作，全面运行医疗废物电子转移联单，同时要求医疗废物处置单位（含应急处置点）及时在省固体废物信息监管平台"涉疫模块"在线申报处置情况。

（三）宁德市生态环境局疫情防控经验

疫情期间，宁德市生态环境局实施"四个一"工作法全面做好涉疫医疗废物、涉疫污水处置工作。

（1）组建一个专班。联合省医疗废物处置组，抽调省级专家、生态环境、城市管理系统业务骨干，组建省、市、区医疗废物处置专班，下设综合协调、信息调度、帮扶督导、后勤保障、宣传报道5个工作组，实行集中办公，明确职责分工，做到一个声音、一个步调、一个目标，统一思想、统一指挥、统一行动，坚决筑牢疫情防控生态环境安全防线。

（2）形成一本台账。动态更新宁德市定点医院、隔离点、封控区、核酸采样点医疗废物、涉疫污水处置情况及宁德市医疗废物处置能力、运输能力、运输操作人员储备情况，坚持台账式管理、清单化调度，及时掌握问题清单，实行挂账销号，尤其针对封控区内存在的医疗废物分类、包装、贮存不规范问题，指定科级领导包片督促协调，直接对接相关重点场所，指导他们规范做好涉疫污水消杀、涉疫医疗废物分类、包装、贮存前端收集工作。

（3）制定一本指南。制定《做好涉疫医疗废物管理和处置工作提示清单》《做好涉疫医疗污水和生活污水管理和处置工作提示清单》《关于加强疫情期间封控区、管控区医疗废物规范处置工作的通知》《关于加强疫情期间封控区、管控区生活污水设施消毒工作的通知》等规范指南，通过各地指挥部、微信群分享给隔离点、封控区内帮扶干部，指导他们协助做好涉疫医疗废物、涉疫污水规范处置工作。

（4）依托一支队伍。依托省医疗废物处置组、福建省宁德环境监测中心站，市、县两级生态环境局、市城市管理局组建了一支由帮扶专家、执法人员、监测人员组成的现场督导队伍，对全市重点场所涉疫医疗废物、涉疫污水规范处置进行监督指导，根据现场督导情况，及时联系市、县两级指挥部和相关市直部门，强化全链条协调对接和问题整改跟踪问效，打通涉疫医疗废物和涉疫污水处理处置"最后一公里"，直接推动76个问题落实整改。

【本章作者：杨　净、谢逸锋、葛惠茹、蒋文博、彭守虎、张继享、吴燕芳】

第七章

化工园区危险废物管理与小微企业收集管理试点

本章主要介绍园区生态环境管理现状、园区危险废物监管对策、监管成效，总结园区生态环境及危险废物管理经验并结合典型园区监管案例，说清、说透危险废物的典型园区管理。再从园区、开放式、生产责任延伸制及依法处置终端收集模式等典型的小微企业危险废物收集管理模式介绍全国各地优秀试点案例，并简单展望未来小微企业危险废物收集管理方向。为初学者提供学习素材，为各园区、不同行业企业危险废物管理者提供经验介绍。

第一节　化工园区危险废物管理

一、概述

随着我国产业的快速发展，作为集化工生产、加工、储存、运输、处理为一体的综合性园区，其危险物质和潜在的能量巨大，在成为国民经济主要增长点的同时，也成为经济发展与环境保护两方面矛盾发展的集中体现。推动化工园区危险废物的精细化管理，提升园区内危险废物全过程管理的规范化水平势在必行。

二、化工园区生态环境管理现状

（一）园区生态环境管理模式

目前在经济快速发展的社会建设进程中，工业经济已初步形成了园区化发展模式，针对化工园区的环境监管是重中之重，监管能力薄弱是引发园区环境问题的重要原因。在实践中，我国已形成一套结构化工业园区监管制度（表7-1）。

表 7-1　工业园区监管制度

序号	制度	内容描述
1	规划环评管理制度	规划环评对工业园区选址及合理布局具有指导性作用，通过该评价机制，可以预测园区开发可能造成的影响，帮助园区建立一套走可持续发展道路的环境管理综合体系
2	区域风险评价管理制度	区域风险评价针对危险性高且一旦发生事故会影响周边地区的重大危险源，给出其在整个区域的风险分布状况，为园区规划和重大危险源管理提供决策
3	污染物排放总量管理制度	总量控制是一项综合性的系统工程，其主要是基于对污染物的浓度控制
4	环境准入管理制度	入驻工业园区的企业要满足污染物排放标准、合理缴纳排污费等规定，同时还应满足园区产业结构、产业定位以及区域总体发展的需求，最终形成能够促进园区物质循环、生产工业生态化、产业结构量化的生产项目

序号	制度	内容描述
5	公共设施管理制度	指工业园区内必须配备集中供热、污水处理、危险废物处理等公共处理设施。通过完备的设施建设，在确保园区企业稳定生产的同时，又能对污染物开展集中监管与治理工作
6	公众参与管理	公众参与管理是指引导社会公众力量通过主动参与到环境管理活动中，从而维护自身的环境权益。从国外的经验来看，公众参与既能有效地降低社会管理成本，也能最大限度地减少因市场失灵或政府失灵导致的环境污染影响。新《环境保护法》明确规定了公民、法人或其他组织依法享有获取环境信息、参与和监督环境保护的权利，同时对污染环境和破坏生态的行为有权向生态环境部门举报

经过多年发展，我国现有工业园区监管模式包括政府引导型、企业主导型和政企混合型的管理体制。工业园区环境监管工作涉及方面整体较为宽泛，时间脉络上贯穿"事前""事中""事后"全部环节，"多元共治"及"三方主体"理论是工业园区环境监管对策的理论基础。

（二）园区危险废物风险管理

园区危险废物环境风险管理是园区管理重要组成部分，宜建立园区危险废物风险评价、园区危险废物应急体系等两个模块构成的危险废物风险防控体系，提升园区危险废物环境风险防范能力，有效遏制园区危险废物非法转移倾倒案件的高发态势，为园区可持续发展奠定基础。

（1）园区危险废物风险评价

化工园区通过风险识别、源项分析、后果计算、风险计算和评价以及风险管理，深入排查园区危险废物风险隐患。福建省督促落实化工园区环境保护主体责任和"一园一策"危险废物利用处置要求，完成了邵武金塘工业园区危险废物规范化管理手册、晋江市华懋电镀工业园区危险废物规范化管理手册及石狮市印染行业工业固体废物管理手册等。

（2）园区危险废物应急体系

根据园区自身特点，制定园区综合环境应急预案，加强应急队伍、设施建设和救援物资装备储备，有针对地开展隐患排查，完善环境突发事故应急预案，定期组织开展应急演练，全面提升风险防范和事故应急处置能力。加强突发环境事件及其处理过程中产生的危险废物应急处置的管理队伍、专家队伍建设，将危险废物利用处置龙头企业纳入突发环境事件应急处置工作体系。

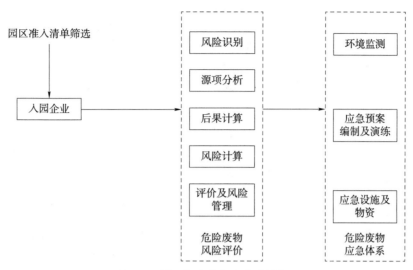

图 7-1　园区危险废物风险防控体系

三、园区危险废物监管对策

（一）建立监管体系

"十四五"期间，福建省布局全链条监管、智慧化监管。福建省生态环境厅印发实施《福建省"十四五"危险废物污染防治规划》（闽环保固体〔2021〕24 号），坚持"一统领、一靶向、一抓手、一督查、一本账"工作方法，明确"监管更精细"为重要目标，采取清单化管理、差异化管理、联动执法、环境污染责任保险、重点园区"一园一册"治理、第三方环保管家、强化危险废物鉴别管理等措施，落细落实各级监管职责、压实企业主体责任，提升环境风险防范能力。福建省人民政府办公厅印发的《福建省"十四五"生态环境保护专项规划的通知》（闽政办〔2021〕59 号）提出"鼓励园区自建配套的固体废物集中收集及处理处置设施，依法建立固体废物处理处置台账，依法依规对固体废物进行减量化、资源化、无害化处理"。

（二）凸显智慧监管

从全国的监管趋势来看，园区危险废物监管手段从线下监管模式逐渐转变为线上信息化监管，"互联网＋危险废物"的管理模式被提出，以解决监管队伍人员少而监管对象多以及法规宣贯需要加强等问题。福建省印发的《固体废物环境信息化应用管理规定》中鼓励工业园区和重点企业自建固体废物环境信息化管理细胞平台与省级生态环境部门监管系统互通共享，借助视频 AI 分析，实现出入库行为、车辆、人员等识别预警，利用智能设备实时采集相关数据，有效提升危险废物规范化管理水平。

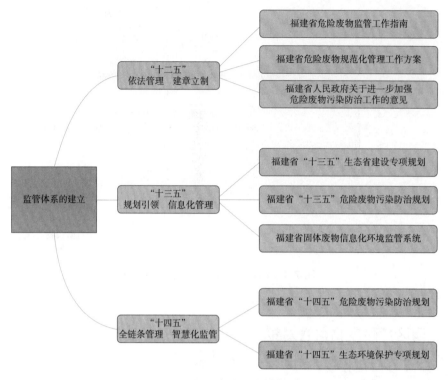

图 7-2 福建省建立监管体系

（1）视频监控

进行园区危险废物监管时，通过产废、处置单位在重点部位（厂区物流通道、贮存库、上料系统、中控室、产废点）安装视频监控设备，支持现场连线产废、处置单位环保负责人进行视频检查，现场获取连线企业基本情况、废物类别、数量、贮存情况、处置情况等信息。

（2）电子标签

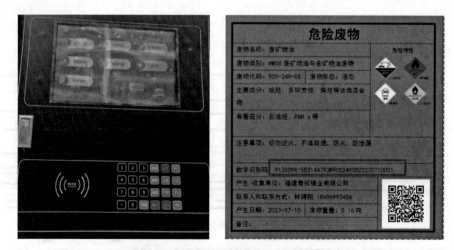

图 7-3 企业智能系统及电子标签示意图

图 7-4　企业智能系统及电子标签示意图

采用智能电子秤、电子标签或手持式系统等，结合省级生态环境部门监管系统，企业入库时对危险废物称重并及时制作标签，每个标签配有二维码，扫描二维码可查看危险废物类别、重量、安全防范措施等信息，实现实时申报危险废物的种类、产生量、贮存、转移等有关资料，并自动生成日台账记录和月、年汇总统计报表，确保数据的真实性、可溯性。

（三）健全信用评价体系

为全面提升福建省环保领域信用管理水平，营造"守信者时时得益，失信者处处受限"的区域信用发展环境，福建省生态环境厅制定了《福建省企业环境信用动态评价实施方案（试行）》，企业环境信用评价采用评分制，根据企业环境信用状况，将企业环境信用等级从高到低评定为环保诚信企业、环保良好企业、环保警示企业、环保不良企业。

（四）构建"一园一策"

1. 目的和意义

不同园区的产业类别不同，危险废物的产量和类别差距很大，如化工园区、电镀园区、皮革园区的危险废物类别不同且成分复杂、产生量大，不同企业、不同管理人员对危险废物的规范化环境管理能力也不尽相同。"一园一策"的编制，是基于对各园区企业产废现状的分析，结合园区规划产业和布局，提出的企业危险废物规范化环境管理的实施路径，旨在为企业、管委会、生态环境部门提供一本工具书、口袋书，方便基层一线同志随时查阅，深入掌握工业园区每个企业的具体情况、区域的环境敏感点以及日常监督的管理要点。

2.主要内容

作为园区危险废物规范化环境管理的红宝书，"一园一策"将包含该园区概况、涉危险废物企业的现状分析内容、危险废物管理要求、重金属减排内容、危险废物的智慧管理、危险废物日常监督管理要点、典型违法案例、园区应急联系方式等重要信息。

3.实际应用

2020年，福建省泉州市、南平市生态环境局在省生态环境厅的帮扶指导下，率先在重点产废园区（电镀园区、化工园区）探索建立"一园一策"方案，编制了《晋江华懋电镀工业园区危险废物管理工作手册》《邵武金塘工业园区危险废物规范化管理工作手册》两本手册，手册发布后，企业有了危险废物规范化环境管理工具书，危险废物规范化环境管理能力和环境风险防范能力显著提升；园区管理机构摸清了企业危险废物底数，对园区危险废物管理的薄弱环节有了更深刻的认识；生态环境主管部门切实提高了危险废物监管能力和精准执法能力，华懋电镀集控区和邵武金塘工业园区危险废物污染防治能力进一步加强，危险废物规范化环境管理工作阶段性成效显著。

四、化工园区监管成效

（一）监管方式

从行政主管部门"监管端"、工业园区管委会"管理端"和第三方治理企业"服务端"协同发力，政企联动、优势互补，积极探索龙头化引领、专业化运营、规范化管理的"区域环境治理"新模式，服务园区绿色高质量发展，实现环境效益和经济效益共赢。

1.生态环境部门监管

生态环境部门作为环境监管行政主管部门，持续完善环境监管制度，建立跟踪检查巡查制度，在围绕着化工园区开展环境监管执法建设的同时，加大对化工园区的环境监管力度，将化工园区作为环境监管集中治污工作开展的示范区域，坚持做到"谁污染，谁负责"。

2.园区管委会监管

园区管委会作为园区管理部门，负有对园区内危险废物来源、种类和流向逐一排查核实，切实掌握危险废物底数的责任。园区管委会应科学预测园区危险废物增长量，合理规划布局和提升危险废物收集运输和集中处置能力。

3.第三方管家服务

《福建省"十四五"生态环境保护规划》提倡园区创新危险废物监管模式，引入第三方管家服务，提倡"专业的人做专业的事"，第三方环境服务单位能够更好地帮助园区解决生态环境保护方面遇到的环境问题。同时，对于园区来说，环保管家能够协助园区落实属地监管责任，解决现有生态环境问题，降低区域环境风险，提升环境污染治理能力。

举例：邵武金塘工业园区在第三方环保服务单位的支持下，编制了园区管理手册，内容包括梳理园区内企业危险废物环境管理总体情况、宣贯相关法律及最新政策、列举违法处罚案例等，使生态环境部门管理有尺度、园区管委会管理有标杆、危险废物产生单位管理有标准、危险废物经营单位发展有方向，有效提高了园区危险废物管理水平。

（二）典型案例

以福建省邵武金塘工业园区为例，邵武金塘工业园区重点发展含氟新材料和生物医药产业，是福建省首批认定的化工园区（安全风险等级 C 级）、省级绿色园区、福建省16 个工业（产业）园区标准化建设示范试点之一，是我国唯一聚集了全国氟化工排名前十强中五强的园区，发展潜力强劲。现已入驻企业 89 家，投产 51 家，规模以上企业33 家。金塘园区管委会在南平市邵武生态环境局的帮扶指导及借助第三方管家服务的力量开展了多元化的线下管理及智能化的线上监管，有效地提高了园区的危险废物规范化环境管理水平。

1. 线下管理多元化

通过园区"一园一册"（《邵武金塘工业园区危险废物规范化管理工作手册》）、最新政策宣贯及宣贯相关法律、列举违法处罚案例等手段，结合危险废物管理知识答卷小程序、排名抽查等形式，切实有效提高园区企业危险废物规范化环境管理的理论知识水平，将危险废物规范化环境管理应用到"三同时"制度中。

通过企业交叉检查，以产废企业视角精准定位危险废物管理问题，检查企业存在危险废物全过程管理不规范问题，相关单位指导企业整改，切实有效提高企业危险废物问题现场自查自纠能力。检查过程建立园区及企业危险废物问题清单、整改清单、销号清单，生态环境部门密切跟踪，督促企业整改的时效性和有效性。

园区管委会与生态环境部门、园区环保管家等组成环保排查队伍，24 小时不定时巡查雨水总排口、园区内河流周边情况。

以重点监管产废企业作为试点，危险废物产出实时对接、及时清运，探索危险废物落地清运、零库存模式。

2. 线上监管智能化

在危险废物产生、贮存、转移环节中，通过"物流、电流、信息流"等方式，强化大数据关联分析、融合应用，进行危险废物全过程监管，确保危险废物随时随地可溯源、可监控，及时发现环境风险隐患、制止环境污染行为。

第二节　小微企业收集管理试点

一、概述

小微企业主要是指危险废物产生量相对较小的企业，还包括机动车维修点、科研机构和学校实验室等社会源。小微企业数量多、分布散，产生危险废物数量少、种类多，环保专职人员少，长期客观上存在危险废物规范收集处置难、规范处置成本高、环境监管难等现实困扰，因此，开展小微企业危险废物收集转运试点是打通危险废物收集的"最后一公里"（图 7-5）。

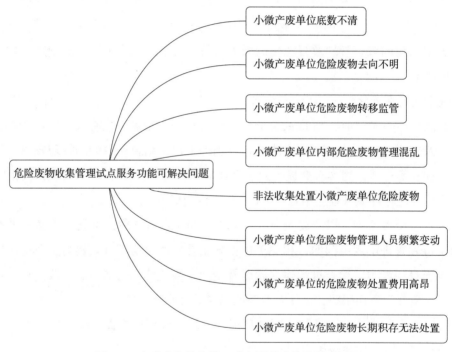

图 7-5　危险废物收集管理试点服务功能可解决问题

《强化危险废物监管和利用处置能力改革实施方案》（国办函〔2021〕47 号），指出应强化危险废物收集转运等过程监管，支持危险废物专业收集转运和利用处置单位建设区域性收集网点和贮存设施，开展小微企业产生的危险废物有偿收集转运服务，开展工业园区危险废物集中收集贮存试点。

《关于开展小微企业危险废物收集试点的通知》（环办固体函〔2022〕66号），切实解决小微企业急难愁盼的危险废物收集处理问题，推动建立规范有序的小微企业危险废物收集体系，探索形成一套可推广的小微企业危险废物收集模式，研究完善危险废物收集单位管理制度，有效防范小微企业危险废物环境风险。

二、收集管理模式

（一）园区收集模式

工业园区自行或者引入专业单位建设危险废物集中收集点，作为园区基础配套设施，进行园区集中收集。通过园区危险废物收集平台对小微企业危险废物进行收集、转移的，信息与省级生态环境部门监管系统互联互通。但园区危险废物收集平台经过运营，发现园区范围内小微企业的危险废物产生量有限，未能充分发挥平台的危险废物收集功能，而园区内中型企业由于当时危险废物贮存库的设计缺陷、产品调整及企业现场管理的要求等原因对危险废物收集服务又有强烈的需求，因此，可适当放宽危险废物收集服务企业的范围（图7-6、图7-7）。

例如，2019年《上海市产业园区小微企业危险废物集中收集平台管理办法》（沪环规〔2019〕4号），规定产业园区小微企业危险废物集中收集平台的责任主体为产业园区，收集范围为产业园区内小微企业所产生的危险废物和废铅酸蓄电池等社会源危险废物，其中产废企业的危险废物年产生总量原则上不超过10 t。

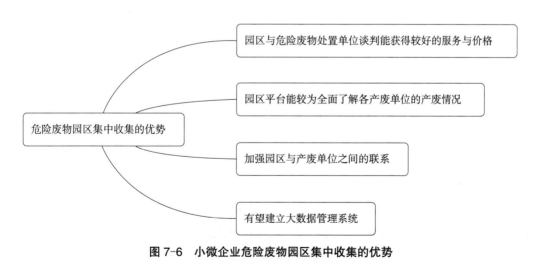

图 7-6　小微企业危险废物园区集中收集的优势

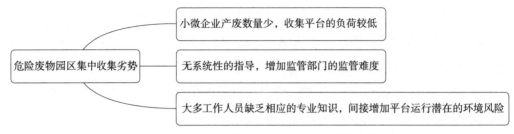

图 7-7　小微企业危险废物园区集中收集的劣势

（二）开放式收集模式

开放式危险废物模式将收集、贮存从"收集＋贮存＋利用处置"的综合模式中分离出来，专注收集服务，有效对接前端产生者的废物收集需求、对接后端废物利用处置单位的废物来源，分工的细化有利于通过"合作"提高行业整体运转效率。使危险废物收集单位的业务规模不再受制于处置设施的能力，赚取的服务费与实际经营的数量成正比，因此对产生者规模的要求不再那么明显，服务范围内产生单位密集的，运输成本也可以按照"拼车"模式，解决中小微企业危险废物出路问题，处置成本也明显下降，从前几年的 1 万多元下降到 2 000 多元，减轻小微企业危险废物积压环境风险，保障企业危险废物规范化管理，降低主管部门环境监管压力。

举例：2022 年福建省福州市闽侯县开展小微企业危险废物集中收集贮存转运试点，由试点单位构建危险废物"产生单位—集中收集贮存点（试点单位）—转运委外利用处置单位"三级收集转运体系，建立危险废物全过程闭环管理新机制，通过试点单位的专业技术团队，帮助、指导小微企业做好日常危险废物规范化管理工作。

（三）生产者责任延伸制收集模式

生产者责任延伸制度指生产者应承担的责任，不仅在产品的生产过程之中，还延伸到产品的整个生命周期，特别是废弃后的回收和处置。生产者责任延伸制收集模式主要涉及废铅蓄电池、农药包装废弃物等危险废物的收集。

举例：《福建省废铅蓄电池集中收集和跨区域转运制度试点工作实施方案》（闽环保固体〔2019〕4 号），依据"谁生产、谁销售、谁负责"的原则，积极发挥铅蓄电池生产企业的作用，建立以铅蓄电池生产者为责任主体的回收体系，从电池生产、销售、使用、收集到综合利用进行全方位、全过程的监管，形成铅蓄电池全生命周期物联网管理系统。

举例：《福建省农药包装废弃物回收处理指导意见（试行）》（闽农规〔2021〕5 号），旨在通过开展农药包装废弃物的回收处理工作，增强农药生产、经营、使用主体的环保意识，防止发生农药包装废弃物随意丢弃的现象，有效提高农药包装废弃物回收率，力争到 2025 年年底农药包装废弃物回收率达 60%，到 2030 年年底实现农药包装废弃物全面回收、合理利用、规范处理。

（四）处置终端收集模式

选取具备危险废物经营许可证，资质较全，处置能力稳定的危险废物处置机构，由其主导搭建小微企业危险废物收集平台，促进收集平台高标准建设、高水准管理，为小微企业环境问题排查整治、环保人员培训、危险废物规范化管理等方面，提供更加全面、周到、贴心的环保管家服务。

举例：《浙江省小微产废单位危险废物统一收运体系建设运行指南》，优先支持危险废物收集、利用处置持证经营单位，国有企业，工业园区建设小微企业危险废物收运平台。

【本章作者：佘玲玲、张　喆、李华藩、陈晓芳、廖满琼、姜　宁】

第八章

危险废物的信息化管理

　　数字化、信息化管理是国家治理体系和治理能力现代化的重要体现。实施危险废物信息化监管是《中华人民共和国固体废物污染环境防治法》赋予的法律责任，是强化危险废物环境管理的有效举措，也是提升危险废物环境治理能力和治理体系现代化的内在要求。智慧高效的危险废物信息化管理体系，能够实现危险废物产生、贮存、转移、利用、处置全过程监控和信息化追溯，从而在危险废物监管决策中发挥重要的支撑作用。本章以福建省固体废物环境信息化体系为例，详细介绍了危险废物信息化监管能力建设、各类角色用户职能设定、产生、运输、经营单位应用实践以及规范化、疫情防控信息化经验成效，为读者展示福建省依托信息化手段构建出的危险废物监管工作新格局。

第一节　信息化管理

党中央、国务院历来十分重视危险废物信息化监管体系与监管能力建设。2018 年，中共中央、国务院印发《关于全面加强生态环境保护坚决打好污染防治攻坚战的意见》，提出"建立信息化监管体系，提升危险废物处置能力，实施全过程监管"。2021 年 5 月，国务院办公厅印发《强化危险废物监管和利用处置能力改革实施方案的通知》（国办函〔2021〕47 号），要求生态环境部牵头"依托生态环境保护信息化工程，完善国家危险废物环境管理信息系统，实现危险废物产生情况在线申报、管理计划在线备案、转移联单在线运行、利用处置情况在线报告和全过程在线监控"。2023 年 7 月，习近平总书记在全国生态环境保护工作大会上强调，"深化人工智能等数字技术应用，构建美丽中国数字化治理体系，建设绿色智慧的数字生态文明"。进一步为生态环境工作者做好新时代新征程危险废物信息化管理工作指明了方向。

一、管理部门

开展全国固体废物污染环境防治信息平台建设，推进实现固体废物收集、转移、处置等全过程监控和信息化追溯，是各级生态环境主管部门的重要职责。《中华人民共和国固体废物污染环境防治法》要求，国务院生态环境主管部门应当会同国务院有关部门建立全国危险废物等固体废物污染环境防治信息平台，推进固体废物收集、转移、处置等全过程监控和信息化追溯；国务院生态环境主管部门根据危险废物的危害特性和产生数量，科学评估其环境风险，实施分级分类管理，建立信息化监管体系，并通过信息化手段管理、共享危险废物转移数据和信息。

二、产生单位

随着经济社会快速发展，我国危险废物管理形势已经发生了巨大的改变，传统以纸质报表方式开展数据统计越来越不能适应管理新形势、新要求。由此，《中华人民共和国固体废物污染环境防治法》要求，产生危险废物的单位建立危险废物管理台账，如实记录有关信息，并通过国家危险废物信息管理系统向所在地生态环境主管部门申报危险废物的种类、产生量、流向、贮存、处置等信息，明确危险废物产生单位应履行的信息化申报和管理责任。

三、转移运输

从危险废物纸质"五联单"到危险废物电子联单，就是我国强化危险废物转移环节信息化管理，推动实现危险废物收集、转移、处置等全过程监控和信息化追溯的最直接体现。由此，《危险废物转移管理办法》要求，转移危险废物的，应当通过国家危险废物信息管理系统填写、运行危险废物电子转移联单，并依照国家有关规定公开危险废物转移相关污染环境防治信息；正式要求转移危险废物全面运行电子转移联单，因传统的纸质联单无法支持多批次、大批量的转移业务，反而会对联单转移业务时限、准确度造成影响。信息化可以完全取代大量转移信息靠手工誊写，联单号由国家统一编码，转移出入库各环节各部门、单位均有留痕，全面实现全过程可追溯可监控，而以前所谓的联单"不够用""不够写"的时代已经一去不复返。

四、经营单位

经营单位信息化监管是危险废物全过程环境信息化监管的重中之重，通过经营单位，危险废物管理台账信息流向才能完成闭环，电子转移联单才能够完成运行并实现全过程可溯源监管。依托信息化手段，监管部门不仅能够获取其生产、接收、产生和利用/处置过程各类危险废物的种类、产生量、流向、贮存、处置等信息，也能获取危险废物分析及试验、内部检查、设施运行及环境监测、人员培训、事故等经营活动情况。近年来，智能地磅、视频 AI 等智能集成监控手段的广泛应用，也使得经营单位监控监管更加全方位。同时，通过"物联网+"网上交易平台，将危险废物资金流、物流和信息流有效整合，进一步挖掘危险废物商品属性下的市场潜力，更是大大提升了危险废物资源利用、无害化处置的效率。

第二节　信息化应用

根据《固体废物信息化管理通则》规定了固体废物信息化管理的规范和流程，用于指导省级固体废物信息化管理系统的规划、建设、维护及固体废物核心业务数据管理；不仅明确了国家、省级数据对接的结构规范、校核规则，还对固体废物"物联网"等智能监管设备作出 API 要求等相应指引，促进全面提升固体废物综合管理水平，保障省级系统数据的规范性，稳定性和可靠性，确保固体废物信息管理数据高质量、高效率对接。

一、在线申报

《危险废物管理计划和管理台账制定技术导则》要求，产生危险废物的单位通过国家危险废物信息管理系统及省级自建系统对危险废物进行产生情况在线申报、管理计划在线备案、转移联单在线运行、利用处置情况在线报告和全过程在线监控。同时制定了生态环境部门采集危险废物产生管理基础数据信息的框架，不仅为后续开展监管奠定了基础，也是落实"放管服"要求，突出管理重点，提高管理效率，减轻企业负担的一个重要举措。

二、电子标签

《危险废物识别标志设置技术规范》提出应用电子标签，对危险废物包装物标签与设施标识赋码，使危险废物标识与设施管理必须运用信息化工具加以实现，同步实施"一物一码"管理。此举首次将物联网技术应用到标识标签、设施管理当中，推动危险废物数字化、信息化管理迈进了一个全新领域。通过智能终端，将烦琐复杂的编码规则集成在程序中，危险废物管理人员仅需要简单录入数据，就能够生成已赋码标签标识。管理人员还能够通过二维码动态获取包装、设施中的危险废物全生命周期信息，让监管变得更加高效。

三、智能终端

智能化终端设备主要指集成电子地磅、电子标签、电子管理台账的物联网技术设备，可完成危险废物计量、赋码、出入库等全流程业务，获取的数据自动上传至国家危险废物信息管理系统，有效减少人力成本和管理环节。《危险废物贮存污染控制标准》规定，危险废物环境重点监管单位，应采用电子地磅、电子标签、电子管理台账等技术手段对危险废物贮存过程进行信息化管理，确保数据完整、真实、准确；采用视频监控的，应确保监控画面清晰，视频记录保存时间至少为 3 个月。

第三节　福建省信息化管理成效

福建省是习近平生态文明思想的重要孕育地和实践地，也是习近平总书记关于数字中国建设的思想源头和实践起点。早在 2000 年，时任福建省省长的习近平同志就提出了

"生态省"建设的战略构想和"数字福建"建设的战略决策，为福建省生态文明建设和数字福建建设奠定了坚实的政治基础、思想基础和实践基础，是福建省的独特优势和宝贵财富。福建省坚持全省一盘棋，突出应用一体化，以共建、共享、共用为导向，以决策科学化、监管精细化和服务便民化为目标，建设了以福建省"生态云"平台、福建省生态环境亲清服务平台、福建省固体废物环境信息化监管系统等信息化为抓手，着力推动精准治污，引领环境管理转型。

一、决策指挥

福建省"生态云"平台面向生态环境部门管理人员，用户能直观获取固体废物等各类环保要素的统计数据结果并用于分析决策，是一个大汇聚、大数据、大系统的云平台，是形成分析、决策、指挥一张图的平台。

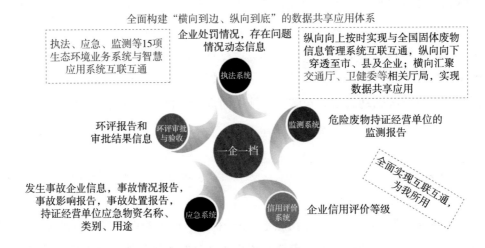

（1）立足"高"。坚持全省一盘棋，强化顶层设计，高标准谋划、高标准实施、高效率应用，各级各部门一把手亲自汇报、亲自使用，通过"生态云"平台大练兵等，进一步落实"会用、常用、善用"要求，让生态环境大数据行稳致远。

（2）强化"通"。打破信息孤岛，纵向向上打通国家部委、向下穿透至市、县及相关企业，横向汇聚21个省直相关部门数据，形成"纵向到底、横向到边"的数据汇聚共享体系。

（3）力求"透"。建立健全标准规范体系，实施标准化、规范化管理。畅通末梢神经，实现扁平化、去中心化、开放式管理，让信息"通透到底"。

（4）激发"活"。推动技术一体化，基于高精度天地图构建了全省生态环境"一张图"，以"微服务、组件化"技术为支撑搭建全省统一的业务中台，实现全省各业务系统、模块与"生态云"的深度融合，让数据采集、政企互动、企业应用"活力迸发"。

（5）致力"用"。坚持问题、目标和结果导向，在全省各层级、各领域广泛开展应用，推动治理更加依法、科学、精准，让更多的人、更多的管理对象参与进来，让生态环境决策、监管、服务实现智变与质变。

二、亲清服务

福建省生态环境亲清服务平台是面向企业环保用户，通过互联网登录，具备在线培训、预警提示、整改互动等功能，宣传贯彻政策法规和技术标准规范，引导企业开展对标找差，提升企业自身生态环境管理水平的平台。

（1）一站式服务。亲清服务平台整合了固体废物管理、环评审批、排污许可、自行监测等各类涉企环境信息系统，归并整合各涉企表单数据，实现信息同步共享，有效避免重复填报。企业用社会统一信用代码注册唯一账号，就能在平台内完成各类项审批和公共服务事项，实现一站式办理。平台还在线提供各类审批事项清单和办事指南，"手把手"演示指导。

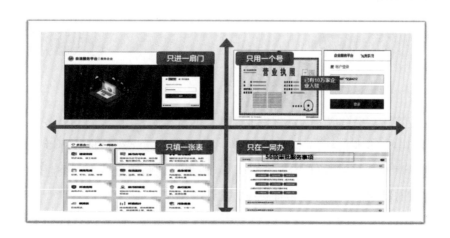

（2）在线学习。平台开设环保社区，为企业提供环保课堂、政策解读、环保案例展示等在线学习服务，指导企业健全环保档案、台账，落实主体责任。企业可以在"社区"中浏览环境保护相关法律法规政策、案例，学习借鉴和自我提升。

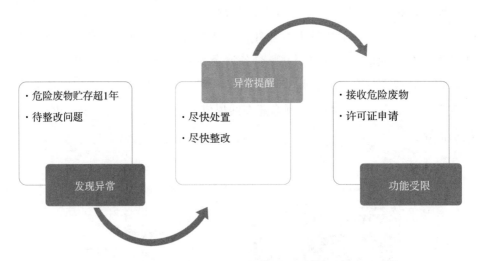

（3）异常预警。平台融合各类业务数据，智能分析处理危险废物超期贮存、环境问题未整改等异常数据信息，并向企业点对点推送设施异常预警、潜在违法警示、环保管理提示等。异常信息也同步推送提示监管部门，对存在问题拒不整改的，监管部门可通过平台限制企业功能，倒逼整改。

```
·危险废物贮存超1年        异常提醒          ·接收危险废物
·待整改问题                               ·许可证申请
                      ·尽快处置
                      ·尽快整改

 发现异常                                   功能受限
```

（4）在线答疑。平台成立了环保专业全覆盖的智囊团，由全省1 500多位专家轮流值班提供"一对一"专业帮扶指导，常态化在线解答企业在污染治理、环境管理等方面的疑问和难题。同时，第三方机构通过平台展示成果案例和实用技术，企业既能按需自主选择，也可发布需求信息，征集最佳解决方案。

三、固体废物管理

福建省固体废物环境信息化监管系统以"严管优服"为目标导向，通过危险废物电子管理计划、台账、转移联单、标签等手段，对危险废物产生、收集、贮存、转移、处置全过程进行信息化监管，形成来源可查、去向可追、监督留痕、责任可究、预测预警为一体的系统。

（1）业务模式转变。传统的"面对面"纸质办理各项审批业务，借由信息化工具由线下转至线上，实现了让数据多跑路，让企业少跑腿，甚至全过程"一趟不用跑"。

（2）监管模式转变。通过电子联单、台账、标签以及视频监控工具设备，让监管由现场转变为远程。全过程可溯源的信息化管理模式让监管部门足不出户可直击现场，实时动态掌握产废点位现状。

（3）监管视角转变。当越来越多预警提示的形式出现在企业端，提醒企业及时落实污染防治主体责任。企业管理人员不用像过往那样被动处理问题隐患，而是能够提前预防，拧紧"安全阀"，企业也从被动管理逐步向主动自律转变。

第四节　福建省固体废物环境信息化监管系统

一、概况

从功能模块看，系统主要包括危险废物产生源管理、转移管理、利用处置管理、分析决策和提示预告五大模块；从应用层级看，分为企业端、管理端与运维端三大应用端，助力生态环境部门提升智能化、精细化、便捷化监管水平；从互联互通看，已实现与福建省亲清服务平台、"生态云"平台等13个生态环境要素系统和市场监管、交通运输、卫健等省级部门相关系统，以及国家、省级和企业自建系统的数据共享，互联互通。

二、顶层设计

围绕"共建、共享、共用"和"能用、会用、善用"的工作目标，着力加强"云上、云下"监管工作，推进监管工作转型提升，福建省生态环境厅制定了《福建省固体废物环境信息化监管系统应用管理规定》。

（1）明确各级职责任务。按照"省级统筹、属地管理、企业主责"的原则，细化明确省、市、县3级和相关企业对省固体废物信息系统建设运行维护和日常使用管理具体职责，并力求可量化可操作可检查，压实建设使用管理责任。

（2）落实分级分类管理。在逐级建立固体废物（危险废物）相关单位清单，落实"应管尽管"的基础上，按照"分级分类、突出重点"的原则，统筹考虑行业、园区、产生量、风险程度、管理水平、环境信用等要素，动态建立省、市、县3级重点环境监管清单。

（3）强调全程精细化监管。对全省危险废物实行信息化全程可追溯闭环监管，建立电子台账。着眼固体废物（危险废物）产生"物料平衡"和利用处置全过程，加强数据抽查核查、数据统计分析和关联性数据挖掘应用，提升精准监管水平。

（4）突出优化帮扶。坚持"共建、共享、共用"，鼓励工业园区和重点企业自建固体废物管理细胞平台与信息系统互通共享，进一步拓展丰富固体废物（危险废物）环境数据信息；依托系统开展危险废物规范化环境管理评估，强化对企业精准帮扶，优化营商环境，减轻企业负担。

三、用户职责

（1）省级生态环境部门用户。负责系统使用技术培训和业务管理，指导用户做好日常使用管理工作；负责分配省级生态环境部门账户、市级生态环境部门管理账户和省级有关部门查询账户；负责建立并动态更新省级重点环境监管企业清单；负责省级核发的危险废物经营许可证线上备案，负责跨省转移业务线上商榷；组织开展全省固体废物（危险废物）管理数据抽查核查、数据统计分析和相关关联性数据挖掘应用等工作；负责省级系统与国家系统对接和数据上报工作，协调省级系统与省直相关部门及企业自建固体废物环境信息化管理细胞平台数据共享和互联互通；其他应由省级生态环境部门负责的事项。

（2）市级生态环境部门用户。负责本辖区系统使用管理，结合实际向省生态环境厅提出省级系统优化升级的意见建议，督促指导本辖区固体废物（危险废物）相关单位落实"应管尽管"要求；负责分配本级生态环境部门内部人员、本辖区内县级生态环境局账户和其他有关部门查询账户；负责建立市级重点环境监管清单；负责本级核发的危险废物经营许可证（含本辖区豁免许可证和"点对点"定向利用单位）和在本辖区内开展危险废物运输单位（含豁免运输资质单位）的线上备案；组织开展本辖区固体废物（危险废物）管理数据抽查核查、数据统计分析和关联性数据挖掘应用等工作；负责督促固体废物（危险废物）相关单位按时处理提示信息，及时防范化解环境风险隐患；组织第三方专业机构实施量小零散危险废物集中收集、贮存转运和信息化管理服务工作；其他应由市级生态环境部门负责的事项。

（3）县级生态环境主管部门用户。负责本辖区系统使用管理，督促指导本辖区固体废物（危险废物）相关单位落实"应管尽管"要求；负责建立本级重点环境监管清单；负责本级核发的危险废物经营许可证的线上备案；督促指导本辖区固体废物（危险废物）相关单位按时完成注册、管理计划备案、信息申报等工作；负责开展本辖区固体废物（危险废物）管理数据核查、数据统计分析和关联性数据挖掘应用等工作；负责分配本级生态环境部门内部人员和县级其他有关部门查询账户；对停产关闭的固体废物（危险废物）相关单位，督促其按照规定落实环境污染防治相关责任，并及时暂停使用其系统账户；督促本辖区固体废物（危险废物）相关单位按时处理提示信息，及时防范化解环境风险隐患等工作；组织第三方专业机构实施量小零散危险废物集中收集、贮存转运和信息化管理服务工作；其他应由县级生态环境局负责的事项。

（4）企业用户。固体废物（危险废物）相关单位应当依托系统依法落实工业固体废物和危险废物环境信息化管理要求；按时处理系统提示信息；配合做好生态环境部门要求的其他管理事项；工业固体废物产生单位每季度首月 10 日前，按季度在系统依法如实记录工业固体废物的种类、产生量、去向、贮存、利用、处置等有关信息，建立固体废物管理电子台账，实现可查询、可追溯，并对填报信息的真实性、准确性和完整性负责。鼓励针对重点工业固体废物参照危险废物管理要求实施信息化环境管理；危险废物产生、收集和利用处置单位每年 1 月底前依法完成当年危险废物管理计划线上申报备案，实时申报危险废物的种类、产生量、去向、贮存、利用、处置等有关资料，按规定运行电子转移联单，对系统填报信息的真实性、准确性和完整性负责；乡镇卫生院和社区卫生服务中心、门诊部及以上的医疗机构，按时在系统依法如实申报医疗废物及其他危险废物的种类、产生量、去向、贮存、处置等有关信息，对系统填报信息的真实性、准确性和完整性负责；承担"大箱"收集管理任务的医疗机构要通过系统建立"小箱"医疗机构医疗废物接收管理台账；固体废物（危险废物）运输单位应按规定在系统备案，依法落实电子转移联单管理要求。

四、用户应用

（一）危险废物产生利用处置单位用户

1. 申报要求

根据《危险废物管理计划和管理台账制定技术导则》（HJ 1259）危险废物产生单位（利用处置单位亦属于产生单位）应当于每年 3 月 31 日前通过系统在线填写并提交当年度的危险废物管理计划，备案内容需要调整的应当及时变更。危险废物环境重点监管单位应当按月度和年度申报危险废物有关资料，且于每月 15 日前和每年 3 月 31 日前分别完成上一月度和上一年度的申报；简化管理单位应当按季度和年度申报危险废物有关资料，且于每季度首月 15 日前和每年 3 月 31 日前分别完成上一季度和上一年度的申报；登记管理单位应当按年度申报危险废物有关资料，且于每年 3 月 31 日前完成上一年度的申报。

2. 账号注册

用户在登录福建省固体废物环境信息化监管系统前均需进行注册并通过亲清服务平台与系统账户进行绑定。首先在福建省生态环境厅官网上点击"亲清平台"链接打开亲清服务平台界面，选择"企业用户"；再点击"亲清注册"，填写企业名称、统一信用代码信息，点击"校验"，设置密码，输入手机号接收验证码后选择好行政区划信息点击"注册"即可完成注册。

3. 账号绑定

完成注册后，用户在亲清服务平台的"综合门户—多表合一"界面点击"固废危废"，选择"省级"，跳转至福建省固体废物环境信息化监管系统，输入系统账号密码完成绑定。初次登录福建省固体废物环境信息化监管系统的用户需在系统界面根据提示进一步完善基础信息后再绑定（产生单位类型选择固体废物产生源单位、利用处置单位选择经营单位）。

4. 管理计划备案

登录系统后，点击左侧"管理计划 2023—新增年度管理计划"，点击"填报"按钮，根据用户单位类型依次填报管理计划报表，当前表单内容填写完整后需点击下方"保存并下一步"方可保存当前页面内容并跳转填报下一份表单。各报表填报完毕后点击"提交管理部门备案"，系统将自动提交至属地生态环境部门确认，生态环境部门可对内容进行审核，选择是否同意备案或退回重新修改填报。

5. 台账填报

（1）新增入库。危险废物已产生但尚未入库的，可点击"危废管理—产废入库"模块中的"新增入库"按钮（如入库日期非操作当天，请备注填写延期入库原因），选择贮存点，填报废物名称、入库的数量和容器后点击保存。此时废物状态为"已产生待入库"。

（2）入库确认。对已完成入库操作的，可点击"危废库存—入库确认"，可以看到之前已录入的危险废物信息并确认入库，此时废物状态为"已入库"。

6. 转移联单运行

（1）创建省内转移联单。用户创建省内联单，先通过点击"危废转移—危废转出联单—新增转出联单"，在联单页面完善"接收单位""运输单位"信息；再点击"选择批次"按钮，勾选需要转出的危险废物批次信息，添加后点击"确认"；最后填写需备注信息后点击"保存"完成创建。此时联单状态为"待运输出厂",若创建的联单内容有误,可点击"作废"按钮,取消联单。

（2）创建跨省转移联单。创建跨省转出联单,通过"危废转移—跨省转出联单"中点击新增转出联单,选择对应的跨省转移商请备案信息并完善相关信息,点击"保存",等待对接国家系统返回联单编号,之后等待对方签收联单即可。

（二）医疗废物产生单位用户

1. 申报要求

根据《福建省医疗废物排查整治工作方案》（闽环保固体〔2019〕12号）,乡镇卫生院和社区卫生服务中心、门诊部及以上的医疗机构,按时在系统依法如实申报医疗废物及其他危险废物的种类、产生量、去向、贮存、处置等有关信息,对系统填报信息的真实性、准确性和完整性负责;承担"大箱"收集管理任务的医疗机构要通过系统建立"小箱"医疗机构医疗废物接收管理台账。

2. 账号注册

用户在登录福建省固体废物环境信息化监管系统前均需进行注册并通过亲清服务平台与系统账户进行绑定。首先在福建省生态环境厅官网上点击"亲清平台"链接打开亲清服务平台界面,选择"企业用户";再点击"亲清注册",填写企业名称、统一信用代码信息,点击"校验",设置密码,输入手机号接收验证码后选择好行政区划信息点击"注册"即可完成注册。

3. 账号绑定

完成注册后,用户在亲清服务平台的"综合门户—多表合一"界面点击"固废危废",选择"省级",跳转至福建省固体废物环境信息化监管系统,输入系统账号密码完成绑定。初次登录福建省固体废物环境信息化监管系统的用户需在系统界面根据提示进一步完善基础信息后再绑定（单位类型选择医疗废物产生源单位）。

4. 台账填报

（1）新增入库。危险废物已产生但尚未入库的,可点击"危废管理—产废入库"模块中的"新增入库"按钮（如入库日期非操作当天,请备注填写延期入库原因）,选择贮存点,填报废物名称、入库的数量和容器后点击保存。此时废物状态为"已产生待入库"。

（2）入库确认。对已完成入库操作的,可点击"危废库存—入库确认",可以看到之前已录入的危险废物信息并确认入库,此时废物状态为"已入库"。

5. "小箱进大箱"

（1）基础信息变更。大型医疗机构单位点击"设置—我的企业",在涉及业务中勾选

"收集小型医疗机构医疗废物"点击"下一步"，提交备案生效。小型医疗机构单位点击"设置—我的企业"，在涉及业务中勾选"转移医疗废物至大型医疗机构"，点击"下一步"提交备案生效。

（2）管理计划变更。可参照产生单位管理计划填报，登录系统后，点击左侧"管理计划2023—新增年度管理计划"，点击"填报"按钮，根据用户单位类型依次填报管理计划报表，当前表单内容填写完整后需点击下方"保存并下一步"方可保存当前页面内容并跳转填报下一份表单。各报表填报完毕后点击"提交管理部门备案"，系统将自动提交至属地生态环境部门确认，生态环境部门可对内容进行审核，选择是否同意备案或退回重新修改填报。

（3）新增记录。大型医疗单位新增收集记录，点击"医疗废物收集—医疗废物收集记录/入库"功能菜单，点击"新增"填写收集记录信息后点击"保存"。小型医疗单位点击"医疗废物收集—医疗废物收集记录/入库"，在收集记录页面中点击"确认"。

（4）确认入库。大型医疗单位点击"医疗废物收集—医疗废物收集记录/入库"，在收集记录页面中点击"确认"入库操作。

（三）运输单位用户

1. 账号注册

用户在登录福建省固体废物环境信息化监管系统前均需进行注册并通过亲清服务平台与系统账户进行绑定。首先在福建省生态环境厅官网上点击"亲清平台"链接打开亲清服务平台界面，选择"企业用户"；再点击"亲清注册"，填写企业名称、统一信用代码信息，点击"校验"，设置密码，输入手机号接收验证码后选择好行政区划信息点击"注册"即可完成注册。

2. 账号绑定

完成注册后，用户在亲清服务平台的"综合门户—多表合一"界面点击"固废危废"，选择"省级"，跳转至福建省固体废物环境信息化监管系统，输入系统账号密码完成绑定。初次登录福建省固体废物环境信息化监管系统的用户需在系统界面根据提示进一步完善基础信息后再绑定（单位类型选择危险废物运输单位）。

3. 交接转移联单

运输出厂。运输单位登录系统后点击"危险废物转移—待运输出厂联单"找到需要出厂的联单编号，点击"运输出厂"，填写运输途经地级市、运输路线，选择运输方式、车辆牌照和驾驶员等，操作"出厂""确定"，联单出厂成功。出厂后的联单可以到"已出厂联单"菜单进行查询。

第五节 福建省固体废物环境信息化监管系统应用成效

福建省固体废物环境信息化监管系统已有各级生态环境部门管理用户 588 个，危险废物产生、运输、利用处置单位用户 2.2 万家，累计生成每日台账 6 000 万条，备案管理计划 6.9 万份，电子转移联单 162.1 万份。2023 年以来系统总访问量达 1 768.5 万余次，日均访问量达 6.9 万次。系统各项功能应用已完全融入企业的生产管理活动中，融入生态环境管理部门日常业务工作中，成为企业和管理部门开展固体废物（危险废物）管理工作不可或缺的一种手段。

一、不同系统间互通共享

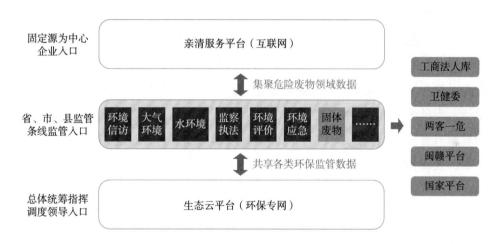

福建省固体废物环境信息化监管系统与全国固体废物管理信息系统、福建省"生态云"平台、生态环境亲清服务平台以及省直部门相关系统和园区（企业）自建细胞系统都在一定程度上实现了数据对接、互通共享；实现数据汇聚融合，不仅对外推送固体废物监管统计数据，也能实时获取企业环境信用评价等级、违法信息、投诉情况、监测数据等，告别固体废物领域单打独斗的局面，实现全省固体废物环境管理"一张网"，避免发生企业一边因环保违法被立案处罚，固体废物监管部门一边仍在受理、核发许可证等的情形。

（1）上下联动。通过构建"纵向发力，通透到底"的信息化监管格局，让省、市、县、企业 4 级共用一个信息系统，纵向向上打通生态环境部、向下穿透至市、县生态环境部门以及企业，畅通末梢神经，实现信息化监管扁平化、去中心化、开放化。

（2）部门联动。与市场监管部门的工商企业法人库、交管部门的危险货物运输监管信息系统、卫健部门的医疗废物监督监测信息系统、应急部门的危险物品"一体化"安全监管平台横向互通，精准掌握污染源、转移GPS、医疗废物、废弃危化品管理情况，实现省直相关部门共治共管。

（3）省际联动。依托生态环境部固体废物环境信息管理平台，实现全国固体废物管理"一张网"，强化省际信息化监管数据共享，福建、江西两省间已实现危险废物监管信息系统互联互通，从材料递交、接收、审批到回复全程在线办理，做到跨省转移过程"零纸张、零跑路"，大幅缩短危险废物跨省转移审批时限。

二、业务深度融合

（1）与生产管理相融合。企业在福建省固体废物环境信息化监管系统中开展危险废物产生、贮存、转移、利用处置的业务工作，系统就会自动汇聚生成每日台账数据，数据翔实记录每份危险废物全过程状态信息，自动校核各个环节之间的数据平衡关系，实现了数据全程可追溯、全程留痕，让企业数据造假无所遁形。

（2）与日常监管相融合。系统通过对每日台账海量数据进行统计分析，按时间、地区、行业、种类等要素展示危险废物产生量、贮存量、转移量、利用处置量等信息，让数据说话，为科学决策，促精准监管，为企业端日常管理与生态环境部门日常监管深度融合的智慧监管模式提供技术支撑。在生态环境部门抽查检查过程中，通过抽查系统信息化台账、视频相关资料等方式不定期开展线上督导，建立问题整改销号反馈机制，确保问题及时整改到位，防范化解环境风险隐患。

三、数字赋能，服务便捷

（1）在全过程监管方面，企业应用智能计量、无线射频识别技术，自动生成每份危险废物电子标签和管理二维码，自动识别危险废物出入库信息，在实现"一物一码""快递式"精细化管理的同时，减少了人工干预，保障申报数据准确、高效。系统根据产生的危险废物类别，自动推送危险废物利用处置单位和运输单位信息，同时将接收利用处置情况反馈给产废企业，让企业更省时省心，放心合法转移利用处置。

（2）在业务办理方面，系统构建了永不下线的固体废物"云上"审批大厅，做到企业"只进一扇门、只用一个号、只填一张表、只在一网办"。开通闽赣"白名单"危险废物跨省转移审批绿色通道；邀请第三方"环保管家"入驻信息系统，为小微收集单位、社会源产废单位实施"量小零散"危险废物集中收集、贮存转运和信息化管理服务，为企业固体废物治理开"方便之门"。

（3）在拓展应用方面，系统加强与亲清服务平台的融合应用，拓展延伸在线培训、在线备案、在线指导、电子台账、亲清提示、整改互动等环境管理精准帮扶功能，帮助管理部门提高工作效率，减轻企业负担，优化营商环境；帮扶企业开展对标找差，提升环境管理水平。

四、一源一码，一企一档

系统以全省排污许可证固定污染源"一证式"管理数据库为基础汇聚数据，实行"一源一码，一码通行"，建立"一企一档"，让数据真正落地，生态环境部门利用信息系统可实时对企业危险废物全过程管理情况、危险废物产生量、类别、库存量、处置情况真正做到一目了然、一查到底。同时，系统加强与环境统计、污染源普查、排污许可证和其他管理部门数据对比分析，统筹考虑行业、园区、产生量、风险程度、管理水平、环境信用等要素，结合监管实际，建立省、市、县3级固体废物（危险废物）重点环境监管单位清单并动态更新，为落实重点环境监管措施提供支撑。

五、预警预报，关口前移

系统对未按时备案管理计划、申报管理数据、运输轨迹缺失、环境信用评价差等情形进行预警提示，在方便企业自主整改，落实主体责任的同时，使生态环境部门日常监管由以前的"守株待兔"变为现在的"主动发现"，使问题发现和处理的关口前移，让监管跑在风险前面，逐步实现由"被动式管理"向"主动预防式管理"转变。通过在危险废物重点监管单位的产废点、贮存场所、厂区物流通道、利用处置设施等关键点位可视化监控，与属地生态环境部门、企业视频互动，实现"看得清、查得清、管得清"。

系统还能将预警信息自动推送至相应企业和生态环境部门，督促指导企业按时处理提示信息，有效防范了环境风险。生态环境部门同时还可采取视频连线，查阅视频监控记录、信息化台账等方式开展远程规范化督导帮扶，对发现问题实行整改销号反馈，确保问题及时整改，防范化解环境风险隐患。

【本章作者：彭守虎、孙京楠、张继享、王维兴、许椐洋】

第九章

涉危险废物执法监管及司法实践

法者，治之端也。我国危险废物类别多，行业来源广，危险特性复杂，收集成本高。产生源除了工业企业、小微企业，还包括机动车维修点、科研机构和学校实验室等社会源。生态环境部门在引导参与者知法守法敬法的同时，更要坚持用最严格制度最严密法治保护生态环境，推动形成对环境污染违法犯罪的强大震慑，合力守护好绿水青山。

近年来，我国始终保持打击重点领域环境违法犯罪高压态势，生态环境部、最高人民检察院、公安部自2020年起连续两年开展打击危险废物环境违法犯罪专项行动。

本章将围绕环保手续执行等8个方面要素介绍涉危险废物单位的执法要点，指导读者开展危险废物环境监管；通过介绍最高人民法院、最高人民检察院关于涉危险废物环境违法犯罪的司法解释，指导管理部门更好适应和认识司法实践需要。

第一节　涉危险废物单位执法要点

本节从环保手续执行、危险废物台账管理、贮存管理执行、转移规定执行、标识设置规范、应急管理工作、设施运行和污染物达标排放、厂区环境管理等情况进行介绍，便于读者系统学习和参考使用。

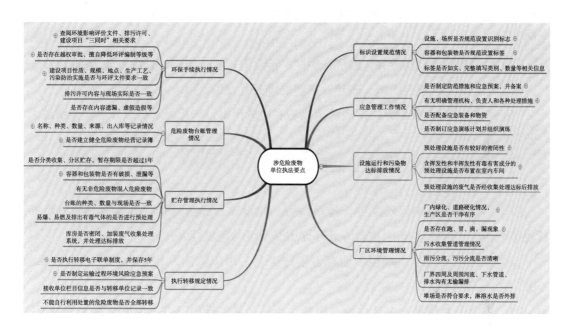

一、许可证单位的检查要点

（1）检查危险废物经营单位是否按照许可证的规定从事危险废物收集、转运、接收、贮存、利用、处置活动。

（2）经营范围与危险废物经营许可证所列范围是否一致，利用处置方式与环评及批复文件是否一致，是否按照排污许可证要求排放污染物及开展相关环境管理活动。

（3）调阅危险废物经营单位利用处置台账，检查利用处置量、利用处置的类别是否与转移联单相关内容相符，严禁接收不明废物和超出经营范围接收危险废物。

二、涉危险废物单位常见问题

（1）危险废物贮存不规范，露天堆放、危险废物和固体废物混合随意堆放等。

（2）未按照规定设置危险废物识别标志，危险废物贮存地及包装无清楚、正确的标识。

（3）未按照国家有关规定制定危险废物管理计划或者申报危险废物有关资料，未按国家有关规定建立和如实填写危险废物的台账。

（4）未按照国家有关规定填写危险废物转移联单或者未经批准擅自跨省转移危险废物。

（5）非法转移、非法排放、非法利用处置危险废物。

（6）在运输过程中沿途丢弃、遗撒危险废物。

（7）无危险废物处置资质的单位非法收集、运输、贮存、利用、处置、倾倒危险废物。

（8）私设暗管或利用渗井、渗坑、裂隙、溶洞等排放、倾倒、处置危险废物。

（9）未经许可，擅自新增、改建、扩建处理处置设施。

（10）未制定危险废物意外事故防范措施和应急预案，未按要求组织开展应急演练。

三、环保手续执行情况检查要点

（1）围绕环境影响评价文件、排污许可、建设项目"三同时"执行情况相关要求，检查是否存在"越权审批"、擅自降低环评编制等级的违规行为。

（2）建设项目性质、规模、地点、生产工艺、污染防治设施是否与环评文件要求一致。

（3）主要企业信息、生产设施、原料、产品产量、排污节点、产废节点、危险废物类别、危险废物贮存设施、危险废物自行利用处置设施、污染排放情况等内容与排污许可、现场实际是否一致，环境影响评价报告是否符合《建设项目危险废物环境影响评价指南》相关要求。

（4）是否存在基础资料明显不实，内容遗漏、虚假造假等重大缺陷。

四、危险废物台账规范化管理情况检查要点

（1）是否如实记录有关信息，并通过国家危险废物信息管理系统向所在地生态环境主管部门申报危险废物的种类、产生量、流向、贮存、处置等有关资料。

（2）全面、准确地记录了危险废物产生、入库、出库、自行利用处置等各环节危险废物在企业内部流转情况。

（3）可提供各环节台账记录表等证明材料（如危险废物管理台账、环评文件、竣工验收文件、危险废物转移联单、危险废物利用处置合同、财务数据等）。

（4）核对产生、入库、出库、利用处置等各环节数据的逻辑关系，证明所记录数据的真实性和合理性。

（5）危险废物管理台账同转移联单、经营单位管理台账进行核对。

（6）若不同环节间数据存在因挥发等因素造成的数据偏差，判断是否在合理范围内。

（7）危险废物经营单位是否建立健全的危险废物经营记录簿，涵盖危险废物分析、接收、利用、处置、内部检查、运行、环境监测、事故记录和报告、应急演练等内容。

五、贮存管理执行情况检查要点

（1）是否按照《危险废物贮存污染控制标准》（GB 18597），按照危险废物特性分类收集、分区贮存；贮存场所地面是否作硬化及防渗处理；场所是否有雨棚、围堰或围墙；是否设置废水导排管道或渠道；冲洗废水是否根据排污许可证要求纳入企业废水处理设施处理或按照危险废物管理；贮存液态或半固态废物的，是否设置泄漏液体收集装置。

图 9-1　危废贮存场所

（2）盛装危险废物的容器材质和衬里是否与危险废物相容，容器和包装物是否有破损、泄漏和其他缺陷。

（3）是否混合堆存不相容的危险废物，是否将危险废物混入非危险废物中贮存。

（4）贮存库内不同贮存分区之间应设置隔离措施。隔离方式可根据危险废物特性采用过道、隔板或隔墙，腐蚀性、氧化性、还原性的危险废物应采用挡墙隔离。

（5）危险废物经营记录簿、信息管理系统数据、实际贮存的危险废物种类和数量，三者是否一致。

（6）针对在常温常压下易爆、易燃及排出有毒气体的危险废物，产废单位是否进行预处理，使之稳定后贮存；不能进行预处理的，是否按易爆、易燃危险品贮存。

（7）贮存废弃剧毒化学品的，是否按照公安机关要求落实治安防范措施。

（8）贮存易产生粉尘、VOCs、酸雾、有毒有害大气污染物和刺激性气味气体的危险废物贮存库，应设置气体收集装置和气体净化设施，处理后达标排放。

六、执行危险废物转移管理规定情况检查要点

（1）产废单位是否按规定制定包含危险废物转移计划在内的危险废物管理计划并备案。

（2）产废单位是否按照危险废物管理计划中的转移计划转移危险废物。

（3）危险废物移出单位是否如实填写运行危险废物转移联单。

（4）危险废物承运单位是否认真核实运输的危险废物与危险废物联单一致；是否制定运输过程环境风险应急预案，采取防止污染环境措施，配备相应的污染防治设施设备。

（5）危险废物接收单位是否认真核实接收的危险废物与危险废物转移联单一致；是否按照接收的危险废物，如实、规范填写转移联单中接收单位栏目，数据、类别等信息与经营记录簿是否一致。

（6）危险废物经营许可证持证单位利用处置过程产生的不能自行利用处置的危险废物，是否全部转移给持有相应危险废物经营许可证资质的单位。

（7）跨省、自治区、直辖市转移危险废物的，是否向危险废物移出地省、自治区、直辖市人民政府生态环境主管部门申请并获得批准。

七、标识设置规范情况检查要点

（1）在产生、收集、贮存、运输、利用、处置危险废物的设施、场所是否根据《危险废物识别标志设置技术规范》（HJ 1276）要求设置危险废物贮存设施或场所标志、危险废物贮存分区标志。

（2）盛装危险废物的容器和包装物是否根据《危险废物识别标志设置技术规范》（HJ 1276）设置危险废物标签，并如实、完整填写废物名称、类别、质量、危险特性、主要成分、有害成分、产生日期并生成数字识别码和二维码等相关信息。

八、危险废物应急管理工作落实情况检查要点

（1）是否制定危险废物意外事故防范措施和应急预案，并向生态环境部门备案。

（2）应急预案要明确管理机构及负责人，对不同情形的危险废物意外事故是否制定相应的处理措施。

（3）是否配备必要的应急装备和物资，制定详细的应急演练计划，定期组织应急演练。

九、设施运行和污染物达标排放情况检查要点

（1）危险废物经营单位危险废物的破碎、研磨、混合搅拌等预处理设施是否有较好的密闭性，并保证与操作人员隔离。

（2）含挥发性和半挥发性有毒有害成分的危险废物的预处理设施是否布置在室内车间，废气经收集处理后达标排放。

（3）根据排污许可证的要求，检查设施运行和污染物排放的其他问题。

十、厂区环境综合管理情况检查要点

（1）厂区是否进行绿化，厂区道路是否经过硬化处理，生产场区是否干净有序。

（2）生产过程中是否存在跑、冒、滴、漏现象，污水收集管道是否做好防渗漏措施，污水收集管道最终去向是否明确，污水处理设施是否有多余管道、可移动潜水泵等设备。

图9-2　厂区环境管理固体废物典型污染问题

（3）雨污分流、污污分流，污水收集和排放系统等各类污水管线设置是否清晰。

（4）检查厂界四周及周围河流、下水管道、排水沟，看有无偷排口、渗漏口以及偷

漏排情况，周围水域有无异味气体产生，有无偷排废水痕迹等。

（5）检查原料、半成品、成品等堆场是否符合要求，下雨时淋溶水是否会进入雨水口而外排环境。

十一、产废单位自行利用处置情况检查要点

（1）对拥有危险废物自行利用处置设施的企业和单位，结合环评文件、排污许可证、危险废物管理计划、生产台账等基础资料，对原料使用量、产生环节、产品出入库量进行核实，去向是否存在不合理。

（2）对危险废物自行利用处置设施，要核算使用量、处置量和再生量是否合理，是否与利用处置能力和再生能力总体匹配。

（3）按照企业的原料、产品、排污环节、产废环节等逐一核查，调阅企业用电量情况，核实企业生产负荷和生产经营情况，企业的排污设施、污染物和现场实际设施必须与排污许可证副本一致，查明是否涉嫌非法处置，擅自改变原料。

（4）是否建立危险废物利用和处置台账，并如实记录利用情况。

（5）是否定期对自行处置设施污染物排放进行环境监测，并符合相关标准要求。

（6）是否如实将自行利用处置设施情况和实际利用处置情况纳入危险废物管理计划并通过信息管理系统申报。

第二节 涉危险废物环境违法犯罪司法解释及实践

一、"两高司法解释"对于危险废物的相关内容

《最高人民法院、最高人民检察院关于办理环境污染刑事案件适用法律若干问题的解释》（以下简称《解释》）由最高人民法院、最高人民检察院于 2013 年 6 月 8 日发布，先后于 2016 年 11 月 7 日最高人民法院审判委员会第 1698 次会议、2016 年 12 月 8 日最高人民检察院第十二届检察委员会第 58 次会议通过；2023 年 3 月 27 日由最高人民法院审判委员会第 1882 次会议、2023 年 7 月 27 日由最高人民检察院第十四届检察委员会第十次会议通过，自 2023 年 8 月 15 日起施行。主要明确了以下问题：

（1）调整污染环境罪的定罪量刑标准。《刑法修正案（十一）》将《刑法》第三百三十八条规定的污染环境罪由原有的两档法定刑调整为三档，并修改完善了升档量

刑的标准。根据修改后的《刑法》规定，《解释》重新设定了污染环境罪的定罪量刑标准，细化新增的第三档刑适用情形，明确对具有在饮用水水源保护区、自然保护地核心保护区等依法确定的重点保护区域排放、倾倒、处置有放射性的废物、含传染病病原体的废物、有毒物质，造成国家重点保护的野生动植物资源或者国家重点保护物种栖息地、生长环境严重破坏等情形的，处七年以上有期徒刑，坚持用最严格制度、最严密法治保护生态环境，推动形成对环境污染违法犯罪的强大震慑。

（2）明确环境数据造假行为的处理规则。《解释》贯彻《刑法修正案（十一）》立法精神，对承担环境影响评价、环境监测、温室气体排放检验检测、排放报告编制或者核查等职责的中介组织的人员，实施提供虚假证明文件犯罪的定罪量刑标准做出明确规定。

（3）明确办理环境污染刑事案件的宽严相济规则。一方面，《解释》衔接有关环境保护法律法规，将实行排污许可重点管理的单位未取得排污许可非法排污的行为，明确为从重处罚情形，做到当严则严。另一方面，明确可以根据认罪认罚、修复生态环境、有效合规整改等因素，在必要时做从宽处理，体现恢复性司法理念，做到当宽则宽，确保案件处理取得良好效果。

二、企业危险废物处置时高度"注意"义务的法律规定

危险废物产生企业最容易产生风险的环节就是危险废物委托处置环节。《解释》第八条规定："明知他人无危险废物经营许可证，向其提供或者委托其收集、贮存、利用、处置危险废物，严重污染环境的，以共同犯罪论处。"

根据《中华人民共和国固体废物污染环境防治法》第三十七条规定，"产生工业固体废物的单位委托他人运输、利用、处置工业固体废物的，应当对受托方的主体资格和技术能力进行核实，依法签订书面合同，在合同中约定污染防治要求。

产生工业固体废物的单位违反本条第一款规定的，除依照有关法律法规的规定予以处罚外，还应当与造成环境污染和生态破坏的受托方承担连带责任。"

因此，有意委托他人处置危险废物的企业必须"十二分"注意，务必在委托之前主动查验对方是否有相关资质。

三、"排放、倾倒、处置"的认定

《刑法》第三百三十八条规定："违反国家规定，排放、倾倒或者处置……"从法条的字面含义来看，排放、倾倒或者处置这三个行为似乎很好理解，并不需要特意说明。然而，在《解释》公布之后的司法实践中，这三个词的含义引发了很多争议，相关企业

处理危险废物产生很多困惑，影响了企业正常经营。

据此，《关于办理环境污染刑事案件有关问题座谈会纪要》（以下简称《纪要》）第八条对排放、倾倒、处置行为的认定提出了明确的标准，即从其行为方式是否违反国家规定或者行业操作规范、污染物是否与外环境接触、是否造成环境污染的危险或者危害等方面进行综合分析判断。在这种判断标准的基础上，《纪要》提出，对名为运输、贮存、利用，实为排放、倾倒、处置的行为应当认定为非法排放、倾倒、处置行为，对相关行为要追究刑事责任。

四、危险废物类的污染环境罪与其他犯罪发生竞合的认定

在危险废物类的污染环境罪与其他犯罪发生竞合时，大多数情况下要遵循着从重的处理原则。需要注意的是，涉及非法经营罪与污染环境罪的关系上，应当坚持实质判断和综合判断相结合的处理原则，具体如下：

出罪须进行实质判断："虽未依法取得危险废物经营许可证，但收集、贮存、利用、处置危险废物经营活动，没有超标排放污染物、非法倾倒污染物或者其他违法造成环境污染情形的，不宜以非法经营罪论处。"对于此条所规定的情形，不能以污染环境罪、非法经营罪定罪量刑。

根据《纪要》理解与适用，入罪须进行综合判断："无证经营危险废物行为属于危险废物非法产业链一部分，形成分工负责、利益均沾、相对固定的犯罪链条，行为人或者与其联系紧密的上游、下游环节具有排放、倾倒、处置危险废物违法造成环境污染的情形，且交易价格明显异常的，对行为人可根据案件具体情况在污染环境罪和非法经营罪中，择一重罪处断。"

五、危险废物的认定的雷区，企业及其当事人的注意事项

在危险废物类污染环境罪中，危险废物的数量认定、性质认定直接关系到相关主体的刑事责任。从司法实践看，若相关从业者仅以自己的职业背景、从业经历对某个固体废物是否属于危险废物进行判断是极其危险的，企业及相关人员将会付出极大的代价，甚至会面临牢狱之灾。

例如，某污染环境案中，当事人想当然地凭借自己多年的行业经验认为经过高温破碎处理过的医疗垃圾不属于危险废物。然而，根据认定意见，此类垃圾属于危险废物。该当事人及其企业被追究了刑事责任。

六、固体废物性质的司法认定

《纪要》第十三条办案过程中危险废物的认定流程作出详细规定。

对于环评文件已明确为危险废物的，可对照《国家危险废物名录》明确危险废物类别和废物代码。

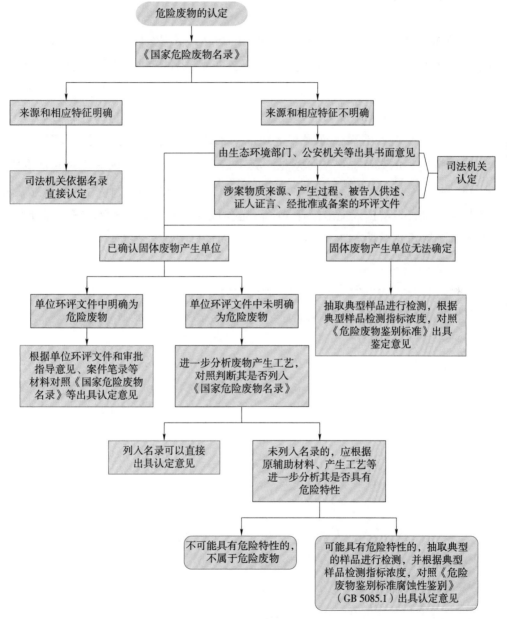

图9-3　固体废物属性司法认定流程

对于环评中未定性的，可对照工艺分析是否列入《国家危险废物名录》。列入名录的直接出具属于危险废物的意见；未列入名录的，可通过原辅料、工艺分析或检测典型样品等方式出具认定意见。

对于来源不清、特征不明的涉案固体废物，可根据需要委托按照国家规定的危险废物鉴别标准和鉴别方法开展鉴定工作。

七、危险废物数量的司法认定

《解释》第十五条第二款："对于危险废物的数量，依据案件事实，综合被告人供述，涉案企业的生产工艺、物耗、能耗情况，以及经批准或者备案的环境影响评价文件等证据做出认定。"

司法实践中，对于危险废物的数量认定，往往要结合危险废物的运输链条、处置链条中的相关费用、吨数等客观证据和主观证据来综合认定，办理此类案件时，可以结合案件中不同链条的数量提出从疑意见。其中，对危险废物去向的认定是非常重要的。例如，在一起污染环境案中，被告人涉嫌非法处置危险废物 400 余 t。经详细研究卷宗材料和实地调查取证，辩护人提出仅有 70 余 t 危险废物属证据确实充分，剩余部分不排除已经被有相关资质的企业处理的合理怀疑，法院对该辩护观点予以认可。

....

【本章作者：郑凡瑶、田　宇、张继享、王维兴、蒋文博】

参考文献

［1］生态环境部，国家发展和改革委员会，公安部，交通运输部，国家卫生健康委员会.国家危险废物名录（2021年版）：部令第15号[A/OL].（2020-11-27）. https://www.mee.gov.cn/x xgk2018/xxgk/xxgk02/202011/t20201127_810202.html.

［2］国家环境保护总局，国家质量监督检验检疫总局.危险废物鉴别标准　腐蚀性鉴别：GB 5085.1—2007[S/OL].中国环境科学出版社，2007：10-1. https://www.mee.gov.cn/ywgz/ fgbz/bz/bzwb/gthw/wxfwjbffbz/200705/t20070522_103953. shtml.

［3］国家环境保护总局，国家质量监督检验检疫总局.危险废物鉴别标准　急性毒性初筛：GB 5085.2—2007[S/OL].中国环境科学出版社，2007：10-1. https://www.mee.gov.cn/ywgz/ fgbz/bz/bzwb/gthw/wxfwjbffbz/200705/t20070522_103955.shtml.

［4］国家环境保护总局，国家质量监督检验检疫总局.危险废物鉴别标准　浸出毒性鉴别：GB 5085.3—2007[S/OL].中国环境科学出版社，2007：10-1. https://www.mee.gov.cn/ywgz/ fgbz/bz/bzwb/gthw/wxfwjbffbz/200705/t20070522_103957.shtml.

［5］国家环境保护总局，国家质量监督检验检疫总局.危险废物鉴别标准　易燃性鉴别：GB 5085.4—2007[S/OL].中国环境科学出版社，2007：10-1. https://www.mee.gov.cn/ywgz/ fgbz/bz/bzwb/gthw/wxfwjbffbz/200705/t20070522_103959.shtml.

［6］国家环境保护总局，国家质量监督检验检疫总局.危险废物鉴别标准　反应性鉴别：GB 5085.5—2007[S/OL].中国环境科学出版社，2007：10-1. https://www.mee.gov.cn/ywgz/fgbz/ bz/bzwb/gthw/wxfwjbffbz/200705/t20070522_103960.shtml.

［7］国家环境保护总局，国家质量监督检验检疫总局.危险废物鉴别标准　毒性物质含量鉴别：GB 5085.6—2007[S/OL].中国环境科学出版社，2007：10-1. https://www.mee.gov.cn/ywgz/ fgbz/bz/bzwb/gthw/wxfwjbffbz/200705/t20070522_103961.shtml.

［8］国家环境保护局.工业固体废物采样制样技术规范：HJ/T 20—1998[S/OL]. 1998：1-8. https://www.mee.gov.cn/ywgz/fgbz/ bz/bzwb/gthw/qtxgbz/199807/t19980701_63257.shtml.

［9］生态环境部.危险废物鉴别技术规范：HJ 298—2019[S/OL].中国环境出版集团，2020：1-1. https://www.mee.gov.cn/ywgz/fgbz/bz/bzwb/gthw/wxfwjbffbz/201911/t20191115_742662.shtml.

［10］环境保护部.危险废物收集 贮存 运输技术规范：HJ 2025—2012[S/OL].中国环境科学出版社，2013：3-1. https://www.mee.gov.cn/ywgz/fgbz/bz/bzwb/other/hjbhgc/201212/t20121231_244484.htm.

［11］福建省生态环境厅.福建省强化危险废物监管和利用处置能力改革行动方案：闽环发〔2021〕11 号 [A/OL].（2021-11-01）. http://sthjt.fujian.gov.cn/zwgk/sthjyw/stdt/202111/t202111035764592.htm.

［12］环境保护部.关于发布《建设项目危险废物环境影响评价指南》的公告：公告 2017 年 第 43 号 [A/OL].（2017-09-01）. https://www.mee.gov.cn/gkml/hbb/bgg/201709/t2017091342 1401.htm.

［13］司法部.司法鉴定程序通则：司法部令 第 132 号 [A/OL].（2016-03-02）. http://www.gov.cn/gongbao/content/2016/conte nt_5079881.htm.

［14］福建省质量技术监督局.土壤环境损害鉴定技术评估技术方法：DB 35/T 1728—2017[S/OL]. 2017：12-25.

［15］全国人民代表大会.中华人民共和国固体废物污染环境防治法 [A].（2020-04-30）.

［16］生态环境部办公厅.关于加强危险废物鉴别工作的通知：环办固体函〔2021〕419 号 [A/OL].（2021-09-07）. https://www.mee. gov.cn/xxgk2018/xxgk/xxgk06/202109/t20210907_901137. html.

［17］生态环境部，国家市场监督管理总局.危险废物鉴别标准 通则：GB 5085.7—2019 [S/OL].北京：中国环境出版集团. 2020: 1-1. https://www.mee.gov.cn/ywgz/fgbz/bz/bzwb/gthw/wxfwjbffbz/201911/t20191115_742622.shtml.

［18］环境保护部，国家质量监督检验检疫总局.固体废物鉴别标准 通则：GB 34330—2017[S/OL]. 2017: 10-1. https://www.mee. gov.cn/ywgz/fgbz/bz/bzwb/gthw/wxfwjbffbz/201709/t20170906_421005.shtml.

［19］中共中央，国务院.关于全面加强生态环境保护 坚决打好污染防治攻坚战的意见 [A].（2018-06-16）

［20］国务院办公厅.关于印发强化危险废物监管和利用处置能力改革实施方案的通知：国办函〔2021〕47 号 [A].（2021-05-11）

［21］生态环境部，公安部，交通运输部.危险废物转移管理办法：部令第 23 号 [A].（2021-11-30）

［22］生态环境部.关于发布《危险废物排除管理清单（2021 年版）》的公告：公告 2021 年第 66 号 [A]. 2021: 12-2.

［23］环境保护部，国家质量监督检验检疫总局.固体废物鉴别标准 通则：GB 34330—2017[S]. 2017: 10-10.

［24］国家质量监督检验检疫总局，国家标准化委员会 . 国民经济行业分类：GB/T 4754—2017[S]. 2017.

［25］生态环境部，国家市场监督管理总局 . 危险废物焚烧污染控制标准：GB 18484—2020[S]. 2021: 7-1.

［26］生态环境部，国家市场监督管理总局 . 危险废物焚烧污染控制标准：GB 18484—2020[S]. 2020: 11-26.

［27］生态环境部，国家市场监督管理总局 . 危险废物填埋污染控制标准：GB 18598—2019[S]. 2019: 9-30.

［28］生态环境部，国家市场监督管理总局 . 水泥窑协同处置固体废物污染控制标准：GB 30485—2013[S]. 2013: 12-27.

［29］生态环境部，国家市场监督管理总局 . 危险废物贮存污染控制标准：GB 18597—2023[S]. 2023: 1-20.

［30］生态环境部 . 危险废物识别标志设置技术规范：HJ 1276—2022[S]. 2022: 12-30.

［31］环境保护部 . 固体废物处置工程技术导则：HJ 2035—2013[S]. 2013: 9-26.

［32］生态环境部 . 建设项目环境风险评价技术导则：HJ 169—2018[S]. 2018: 10-14.

［33］生态环境部固体废物及化学品管理技术中心 . 关于发布《固体废物信息化管理通则》的公告 [S]. 2021: 4-21.

［34］生态环境部 . 危险废物管理计划和管理台账制定技术导则：HJ 1259—2022[S]. 2022: 6-20.

［35］生态环境部，第二次全国污染源普查工作办公室 . 第二次全国污染源普查产排污系数手册 . 工业源 [M]. 北京 . 中国环境出版集团 . 2022.

［36］福建省生态环境厅 . 福建省固体废物环境信息化监管系统应用管理规定：闽环保固体〔2021〕25 号 [A].（2021-11-22）.

［37］福建省生态环境厅 . 福建省医疗废物排查整治工作方案：闽环保固体〔2019〕12 号 [A].（2019-11-14）.

［38］最高人民法院，最高人民检察院 . 关于办理环境污染刑事案件适用法律若干问题的解释：法释〔2023〕7 号 [A].（2023-08-08）.

［39］最高人民法院，最高人民检察院，公安部，司法部，生态环境部 . 关于办理环境污染刑事案件有关问题座谈会纪要 [A].（2019-02-20）.

［40］全国人民代表大会 . 中华人民共和国传染病防治法 [A].（2013-06-29）

［41］中共中央，国务院 . 医疗废物管理条例 [A].（2011-01-08）

［42］国家卫生健康委，生态环境部 . 医疗废物分类名录（2021 年版）：国卫医函〔2021〕238 号 [A].（2021-11-25）.

［43］生态环境部.医疗废物处理处置污染控制标准：GB 39707—2020[S].（2021-07-01）.

［44］生态环境部.医疗废物集中焚烧处置工程技术规范：HJ 177—2023[S].（2023-02-01）.

［45］福建省生态环境厅.福建省生态环境系统常态化疫情防控应知应会（第三版）[G].（2022-09-01）.

［46］邓惠，占茹.企业危险废物日常管理中典型违法行为和减量化措施[J].广东化工，2019，46(13): 248-249.

［47］叶军，薛捍平，李昕.福建联合石油化工有限公司清洁生产审核报告[R]. 2017.

［48］工业和信息化部.国家涉重金属重点行业清洁生产先进适用技术推荐目录：2017年第45号.

［49］工业和信息化部，国家发展和改革委员会，科学技术部，生态环境部.国家工业资源综合利用先进适用工艺技术设备目录（2021年版）：2021年第32号.

［50］刘莎.危险废物综合利用途径探讨[J].能源与节能，2021(4): 88-89.

［51］生态环境部固体废物与化学品司，生态环境部环境发展中心."无废城市"建设试点先进适用技术汇编[R].北京，2019.

［52］国务院办公厅.关于印发"无废城市"建设试点工作方案的通知：国办发〔2018〕128号[A].

［53］生态环境部，国家发展和改革委员会，工业和信息化部，财政部，自然资源部，住房和城乡建设部，农业农村部，商务部，文化和旅游部，国家卫生健康委员会，中国人民银行，国家税务总局，国家市场监督管理总局，国家统计局，国家机关事务管理局，中国银行保险监督管理委员会，国家邮政局，中华全国供销合作总社.关于印发《"十四五"时期"无废城市"建设工作方案》的通知：环固体〔2021〕114号[A].

［54］包头市人民政府.包头市"无废城市"建设试点实施方案[R].内蒙古，2020.

［55］铜陵市人民政府.铜陵市"无废城市"建设试点实施方案[R].安徽，2020.

［56］盘锦市人民政府.盘锦市"无废城市"建设试点实施方案[R].辽宁，2020.

［57］瑞金市人民政府.瑞金市"无废城市"建设试点实施方案[R].江西，2020.

［58］徐州市人民政府.徐州市"无废城市"建设试点实施方案[R].江苏，2020.

［59］许昌市人民政府.许昌市"无废城市"建设试点实施方案[R].河南，2020.

［60］西宁市人民政府.西宁市"无废城市"建设试点工作方案[R].青海，2020.

［61］威海市人民政府.威海市"无废城市"建设试点实施方案[R].山东，2020.

［62］光泽县人民政府.光泽县"无废城市"建设试点实施方案[R].福建，2020.

［63］中新天津生态城.中新天津生态城"无废城市"建设试点实施方案[R].天津，2020.

［64］重庆市人民政府.重庆市"无废城市"建设试点实施方案[R].重庆，2020.

［65］雄安新区人民政府.雄安新区"无废城市"建设实施方案［R］.河北，2020.

［66］绍兴市人民政府.绍兴市"无废城市"建设试点工作实施方案［R］.浙江，2020.

［67］中共北京市委经济技术开发区工作委员会，北京经济技术开发区管理委员会.北京经济技术开发区"无废城市"建设试点实施方案［R］.北京，2020.

［68］三亚市人民政府.三亚市"无废城市"建设试点实施方案［R］.海南，2020.

［69］林全明.对医药化工园区环保体系建设及环保监管机制建立的思考［J］.风景名胜，2019(11): 2.

［70］王云芳.楚雄工业园区危险废物管理现状调研及对策探讨［J］.绿色环保建材，2021(7): 2.

［71］陈子龙.新常态下环境监察执法的难点和重点［J］.化工设计通讯，2016，42(1): 2.